蜕变

从平凡女孩到魅力女人

晓月枫◎著

中国铁道出版社
CHINA RAILWAY PUBLISHING HOUSE

图书在版编目(CIP)数据

蜕变:从平凡女孩到魅力女人/晓月枫著.—北京:中国铁道出版社,2013.4

ISBN 978-7-113-16119-4

Ⅰ.①蜕… Ⅱ.①晓… Ⅲ.①女性—成功心理—通俗读物 Ⅳ.①B848-49

中国版本图书馆 CIP 数据核字(2013)第 040899 号

书　　名:蜕变——从平凡到女孩到魅力女人

作　　者:晓月枫　著

策划编辑:靳　岭

责任编辑:靳　岭　　**电话**:010-51873457　　**电子信箱**:wnx31@sohu.com

封面设计:王　岩

责任校对:龚长江

责任印制:赵星辰

出版发行:中国铁道出版社(100054,北京市西城区右安门西街 8 号)

网　　址:http://www.tdpress.com

印　　刷:北京铭成印刷有限公司

版　　次:2013 年 4 月第 1 版　2013 年 4 月第 1 次印刷

开　　本:700 mm×1 000 mm　1/16　印张:11　字数:150 千

书　　号:ISBN 978-7-113-16119-4

定　　价:29.80 元

自序

PREFACE

有些女人相貌漂亮，但往往无法给人留下深刻印象，好比一张纸片，让人倍感单薄。有些女人相貌平平，但身上却散发着让人无以描述的持久的魅力，其身上的女人味儿，让人久久不能忘怀。究竟什么是女人的持久的魅力？为什么仅仅相貌漂亮还不够？个人认为，魅力是她们的外在形象和内在气质所结合而给人的一种感觉，虽然说不出，但是你能感觉到，好比她是一本很有诱惑力的书，会让你情不自禁地去品读她。

20岁的女孩儿，大多是外貌协会的会员，出门前会仔细考量自己够不够漂亮，粉底打得够不够多，眼线画得够不够长。任何一个女孩儿都会认为，只有打扮得最美丽的自己才能出现在大家的面前。30岁的女人，容貌一天较一天衰退，就算考究地用上世界上顶级的护肤品，30岁的皮肤也不堪比20岁的女孩。30岁的女人在意的已经不是自己有多漂亮，而是皮肤是不是越来越差。仔细看看自己的眼角有无皱纹，眼袋有无加深，心里的自信也所剩无几。

20岁的女孩初入社会，信心满满，就算在现实生活中碰个头破血流，依旧重新浇灌鸡血般的热情。而30岁的女人，经过几年社会的摸爬滚打，早已身心俱疲。部分女人练成了黄金级“剩”斗士，部分女人忙着结婚生子，部分女人早已成为孩儿

他妈，淹没在柴米油盐酱醋茶中。她们的容貌、身材均已不复往昔，生活的热情也减灭了大半。对于女人来说，这是多么可怕的一件事情。不少女人以及妈妈级的人物都经常念叨，女孩子最好的光阴也就那么几年。事实果真如此吗？过了女孩儿最美的青春岁月，女人照样可以把自己提炼为一个自信且充满魅力的女人，而不是一个事业无成、浑浑噩噩只为家庭付出的黄脸婆。

对于很多女性来说，奔三是一个很可怕的字眼，这意味着自己会变得越来越丑，身材会越来越差，最重要的是会丧失越来越多的自我。其实，大可不必烦恼，人生每个阶段都会有不同的人生感悟。20岁时我们青春、张扬、热血、积极；30岁时我们成熟、稳重、睿智、优雅。就像大自然的芬芳花朵，不同年龄层次的女人可以拥有不同的味道。

时间就像是一面镜子，完整地映射了一个女人的必经之路。女孩儿阶段人人都很美，可是10年或者20年之后，镜子会映射出什么？没有哪个女人愿意想象着自己从30岁到60岁是一个越来越衰退的景象。不管年龄几何，我们都要致力于修炼自己的魅力。让最美的自己展现在每个阶段的镜子中。纵然容貌身材会有变化，但是自己仍有一张笑容满满的脸，可能不是很苗条，但身心很健康。最重要的是，我们希望看到镜中一个神采奕奕、成熟优雅、饶有魅力的女人。

女人三十，不再是仅凭外表令人心动的小女孩儿，更多的是一种气质、一种内涵、一种素养、一种自我魅力的展现。有句话很贴切，女人20岁前的容貌是爸妈赋予的，但之后的容貌是自己雕塑的。容貌依附于内心，内心修炼魅力，容貌才能保持美丽。此时的女人，才是由女孩儿修炼到魅力女人的最佳时机。30岁的女人，经历了友情、爱情、婚姻，沉淀了各种感情，由内向外散发着迷人的魅力。就像一本书，引人入胜地让人禁不住去读；也像一瓶醇厚浓香的红酒，让人情不自禁地细细品味。

目录
CONTENTS

魅力女神之自我修炼篇

有情饮水饱之爱情滋味篇

相濡以沫之婚姻生活篇

勇攀事业之珠穆朗玛篇

花容月貌

之

形象培养篇

人们常说桃花运，就是因为桃花能给人带来爱情的机遇，而有了桃花的祝福，女人都会拥有自己的爱情，幸福美满地度过一生。

花之物语——人面桃花相映红

阳春三月，桃花吐妍。桃花的娇美常让人联想到生命的丰润。自古代起，中国文人就频用桃花来赞美女人娇艳的姿容。《诗经》中《诗经·周南·桃夭》："桃之夭夭，灼灼其华。之子于归，宜其室家。桃之夭夭，有蕡其实。之子于归，宜其家室。桃之夭夭，其叶蓁蓁。之子于归，宜其家人。"用桃花比喻美人，既体现出了娇美的容貌，又衬托了照眼欲明的青春气息。另唐朝崔护《题都城南庄》诗云："去年今日此门中，人面桃花相映红。人面不知何处去，桃花依旧笑春风。"

由此，人面桃花一说流传开来。

桃花姿态优美，花朵丰腴，色彩艳丽，常被誉为美人，盛开时明媚如画，犹如仙境，乃有所谓的“世外桃源”。女人若把自己保养如娇艳欲滴的桃花，明媚照人，则世间不缺男子顾盼流连。人们常说桃花运，就是因为桃花能给人带来爱情的机遇，而有了桃花的祝福，女人都会拥有自己的爱情，幸福美满地度过一生。

心理学家曾经做过一个研究，相貌是影响观察者第一印象的重要原因之一。在与人初次接触时，如果希望给对方留下美好印象，则需尽量把自己的优点表现出来，初始效应一旦形成就不容易改变。以貌取人，以貌相人，以貌识人，相貌也不单是外表，是配合了眼神、气质和谈吐，以及许多形为而成。现实生活工作中，一个人的相貌好坏，常常决定了一个人的际遇。因此，我们还犹豫什么，彷徨什么，赶紧努力把自己修炼成一个貌比桃花，拥有幸福面相的女人吧。

女人，争做自己的百花仙子

百花仙子是神话传说中的一个神仙姐姐，她担任的是最美丽的任务，管理天上人间的100种花，并统领百花之主。她负责百花的开放、衰败、颜色、香味、生长地点、百花的相关事物。上百种芬芳的花朵，形态各异，争相吐艳，但是生死大权却统统交由百花仙子掌管。美丽的女人们，我们何尝不做自己的百花仙子，用心浇灌自己这株独一无二的花朵：我们自己决定自己绽放的容颜，自己决定自己的花期，自己决定自己的香味。

曾经有人说过，外表对于女人并无值得炫耀的地方，它并不能为女人增值。随着岁月的流逝，女人的相貌也在不断折旧，俗语说朱颜辞镜花辞树。但在现实生活中，外貌的确占据着非常重要的一环，外表往往是女人关键的增值因素。这一席话或许让相貌平平的人失去些许希望，但是我们可以做自己的百花仙子，让自己不再普通，通过修炼使自己让人过目不忘。

莹和慧是一对非常要好的姐妹。莹姿色漂亮，明媚皓齿，肌肤胜雪，就像脱俗的山茶花，晶莹剔透，而慧则是相貌平平，但是人如其名，头脑聪慧。慧经常见三五成群的男性眼神驻足在莹的身上，还有很多的男同学隔三差五地递给莹情书。同样的青春年华，为什么没有人给自己递情书呢？慧在镜子里仔细地端详起自己。略微圆润的包子脸，粗粗的眉毛，不大但有神的双眼，小小的鼻梁下一张红润的小嘴唇，谈不上性感，但也玲珑精致。慧不想总做情书的传递人，她也渴望收获自己的感情。于是，慧做起了自己的百花仙子，重塑自己的相貌。练习修眉技术，贴双眼皮贴，每日反复揉搓鼻梁，学习化妆技巧。数月有余，慧的确变得与众不同，齐刘海儿下可爱的脸型，眉似新月，炯而有神的双眼，下面配上小鼻梁和娇小的红唇，让人甚觉可爱。与莹在一起，反而让人感觉慧年少了好几岁。重塑外形的慧，对自己更有信心，更有主见，每日明媚的如璀璨的阳光一般。此外，慧对于自己的精心修整，也让自己收获了春天般的爱情。

晓　说

有些人很幸运，在吾家有女初长成时，即出落成窈窕淑女，君子好逑。但像慧这样的女孩也很多，从小泡在书海中，孜孜不倦地刻苦学习，从来没有动过别的心思，觉得自己也可以拥有出众的外貌。在家庭和学校教育的大背景下，认为相貌并不重要，拥有良好的性格已然足够。殊不知，相貌是女人的最佳表象。普天之下的男人们，大多都是视觉动物，他们对于女人的挑选，大都是从相貌开始的。

此外，人们经常会下意识地把一些正面的品质加到外表漂亮的人头上，像聪明、善良、诚实、机智，等等。叔本华说："人的外表是表现内心的图画，相貌表达并揭示了人的整个性格特征。"如果一个人对自己的外貌并不经心，整日大大咧咧，那她的性格也不会是个温婉细致的女人，像爷们儿一样的女人，又有哪个男人会真正喜爱呢。因此，现在开始努力修炼自己，从容貌开始，自己掌握自己的命运，让自己的花容之姿永不消退。

没有丑女人，只有懒女人

爱美是女人的天性，而懒惰则是美丽的最大天敌。很多女性一方面希望自己拥有非常靓丽的容颜，一方面又懒于付之行动。俗话说，天上没有掉馅饼的美事，人不可能平白无故的一直拥有无比美丽的容貌，仅靠先天的优势并不能维持长久，后天的修饰极为重要。在现实生活中，工作的压力、生活的操劳、家庭的重担等都会让美丽逐渐地离你远去。曾经顾盼生辉的双眸、光洁柔嫩的面颊、丰盈润泽的双唇早变成了记忆中的风景。不少女性也渴望重拾昔日的美丽，可是"太忙了，没有时间"、"不知道该怎么去做，去保养"或者"我本身基础就差，再打扮也没效果"等想法时时困扰着她们，使美丽离她们越来越远，而这最终会将自己修炼为一个黄脸婆式的女人。

幸福秘方

◇ 精美包装

有一个现象不知大家有没有注意到，包装精美的物品总是能引起人们足够大的兴趣。同样琳琅满目的商品，包装精美且有特点的总是最先吸引人们的目光。也许商品并没有相差太多，但是经过不一样的有特点的包装，就立马变得与众不同起来。而女人，也是可以进行自我包装的。无论一个人五官是否端正，身材是否走样，只有肯下工夫，都可以把自己变得很漂亮，我们可以外养容颜、内养涵养，也让自己变得与众不同。每个人身边可能都有这样的朋友，有的朋友刚认识的时候觉得相貌平平，可人家学会化妆并吸纳很多修身养性的知识以后，就能把自己变成一个完全不一样的气质美女，不管是容貌还是气质都有了很明显的提升。所以说，世界上没有丑女人，只有懒女人！

女人在很多地方都可以懒惰，但唯独在打扮自己、美化自己的事情上，绝对不能有任何懈惰之情。为什么明星们永远看起来都那么漂亮？哪怕是化上淡淡的妆容，仍然让人觉得耳目一新。而曝光出来的明星纯素颜照，还有几个人会认为是美丽漂亮的呢？大多数的反响：莫过于明星也不过如此。其实就素颜来说，明星和大众并无太大区别，她们能够取胜的法宝就是持之以恒地打扮自己，让自己独树一帜，以吸引无数眼球和粉丝。不是明星的我们，难道就要坐以待毙吗？我们何尝不能将自己美美地装扮起来？虽不求明星那般效应，但自己变得美丽了，不仅可以让自己赏心悦目，拥有好心情，还会让身边的人艳羡不已。

◇ 过犹不及

当然，凡事都需讲究一个度，现在网络上很流行夸张的化妆术，化妆前后对比可以和整容效果相媲美。不少小女生会觉得这样也是一种美，殊不知，如此化妆非但不是自我容貌和气质的提升，而是一种对美的曲解，一种对自己深度不自信的态度，一种对人对己不尊重的行为表现。采取这样的方法的人，大多是对容貌有着超高的要求，而自身容貌又长期压抑自己内心的需求，从而让容貌在某个特殊时刻达到化妆技巧的巅峰而已。而那个时刻的容貌，根本无法从本质上代替本来的你，不过就是一张面皮而已，无法让他人赞同你的美貌与气质。好的容貌与修养不仅是指外形漂亮，很有修养，更重要的是人形合一。我们努力的目标是让自己变得更美丽，更有特点，而不是把自己变成一个连自己朋友都认不出来的人。台湾的林清玄写过一篇流传甚广的散文《生命的化妆》，那位女化妆师的话令人记忆深刻，她说："化妆的最高境界是自然，三流的化妆是脸上的化妆，二流的化妆是精神的化妆，一流的化妆是生命的化妆。"何为生命的化妆，她的解释是：改变气质，多读书，多欣赏高雅艺术，多思考，对生活乐观，对生命有信心，自爱而有尊严。因此，我们更应注重每日坚持不懈地提升自己，开阔眼界，让自己的妆容达到与生命合一的境界。

◇ 持之以恒

很多女人在单身阶段，对自己要求非常严格，不管去哪儿，都让自己妆容精致，谈吐大方。而在家中，日复一日地坚持着做美容、美体。但是大多女人在经过热恋、成婚、成家之后，表现极为相反。婚姻生活中的大多女性，在日日柴米油盐中，已不记得自己应有的特质，逐渐抛弃了玉琢粉面、打扮考究、香气宜人的那个自己，而被生活锤炼成面部倦色、蜡黄干枯、浑身油烟味儿的家庭主妇。她们懒得再费精力捯饬自己，并且没有自信再回到以前。还有一部分女性，在精神和物质的双重满足下，或者说在成功"求偶"之后，失去了对自我的追求，她们没有动力继续保养自己，美化自己，而是放任自己的懒惰。长此以往，恐怕就连自己至亲至密的丈夫也不愿意多看自己一眼了。

因此，做女人必须勤快，想要做个有魅力的女人，必须手脚麻利，每日持之以恒地保养自己。女人的一生，很大一部分都是靠自身的形象和气质来维持的。若说女人前 25 年的容貌尚可托父母的福气，后 70 年的容貌、谈吐均需靠自身努力才行。每个女人都必须克服自己的懒惰心理，用"勤奋"打败"懒惰"，每日精心装扮自己，保养自己，一个女人若连维持自己形象的动力都没有，那她也将一事无成。就像大自然的惯性定律：一个物体，只要不受外力作用，原来静止的就会一直静止下去，而原来运动的则会一直做匀速直线运动。而我们的行动，就是这个外力作用。若没有行动，那么你将永远无法获得花样美貌；但你一旦开始行动，每一点量的累积，都会带来质的飞跃。

那时的你，将不再是靠夸张化妆术而得到的美貌，而是你实实在在由内而外的一种美，一种不自觉对人产生吸引力的美。如此，你还有什么借口再当懒女人呢？不如快快行动起来吧！

女为悦己者容

女为悦己者容出自《战国策·赵策一》："豫让遁逃山中曰：嗟乎！士为知己者死，女为悦己者容。吾其报智氏之雠矣。"意思为：豫让逃到山里叹道："唉！志士为了解自己的人而牺牲，女子为喜欢自己的人而打扮，所以我一定要替知伯复仇。"经过几千年的变化，士为知己者死现在已不多见，但女为悦己者容却被人们越来越多地应用。女子会为那些通过称赞或欣赏使得自己愉快高兴的人打扮，因为值得这样。悦己者的含义也不仅限于喜欢自己的人，它包含了很多方面：第一，喜欢（欣赏）自己的人，比如：恋人、爱人，也可以是亲人、父母、子女、领导、下属等；第二，使自己喜欢（欣赏）的人，让自己喜欢（欣赏）的人。总之凡是喜欢自己和自己喜欢的人都可以称为"悦己者"，当然也可以包含自己，女人也可以为了让自己赏心悦目去装扮自己。

讨己欢心

女人，也可作自己的悦己者。有的女孩儿说："我本身并不是美女，我怎么可能变得貌美如花呢？"实际上完全可以。历史上著名的宋氏三姐妹从五官来看都不是标准的美女，但是全世界的人都觉得她们是美人，是很美丽的三朵花，原因就是她们懂得如何装扮和保养自己，懂得如何将自己的缺点遮盖起来而展现自己最有魅力的一面。这就是女孩子必须学习的地方。也许天妒红颜，宋氏三姐妹的老公们都先她们而去，可宋氏姐妹们就此原因放弃了对自己的追求吗？宋庆龄为国母的时候仍是容光焕发，光可鉴人。宋美龄的美容更不用说，100 多岁的时候，每天起床的第一件事就是拔白头发，把自己打扮精致，穿上美美的旗袍，虽然年事已高，但有谁会说她们是不美的呢？不管年岁几何，她们也都希望看到镜中美丽的自己，让自己心情愉悦。

女人都是爱美的。有人曾经说过，一个女人最痛苦的事，莫过于穿上一条她最喜爱的新裙子，却没有镜子可照。这句话很好地体现了女人也为己容。我想，大多数女人家中，是必须有一面穿衣镜的。当女人看到镜中那个美丽的自己，不仅能让别人欣赏，更因为能讨自己欢心。就像张爱玲，晚年时期的她很少出门，那时的她并不需要再讨谁欢心了。可是，人们在她死去之后，却意外地在她的垃圾桶中发现了养颜胶囊。那时的她仍然爱着美，仍然要给自己一个最美好的自己。那时的她，已 76 岁了。

幸福秘方

有的时候，我们费尽了心机，只为了博得他人一笑，却忘了自己才是自己内心深处最真实的观众。我们大多时候太注重别人的喜好，别人的审美，别人的要求，自己所做的一切都是为了博取他人的好感，却忘却了安慰自己，满足自己，审视自己，把自己迷失在了茫茫人海之中。每个女人都是降落到凡间的天使，她们的心里应该充满了快乐。但是世间的种种，让她们忘了自己是谁，忘了愉悦自己，忘了讨自己欢心，从而变成了折翼的天使。我们应该花费时间，好好感悟自己内心深处的需要，不再由他人主导。无论我们做任何事情，都要先尊重自己的意愿，都要讨好自己，让自己快乐，自然而然，你就会博取更多人的欢心与认可。所以，请一定记住，女人们装扮自己，首先就是要让自己认可自己，这不是为了他人才要做的努力，恰恰是为了我们自己，什么时候都不要忘了讨自己欢心。

博君青睐

曾经有一个女孩儿，在某婚姻网站注册了，在提交个人照片时只是简简单单地上传了一张很随意的生活照。结果，并没有几个人回应。于是，女孩更换了自己的照片，上传了化过淡妆、摆了造型的照片。结果可想而知，交友的信件纷沓而致。这种情况，很难简单定义一句男人们都是很肤浅的，只能说人人都有爱美之心。

在整个自然界，雄性动物一般会更漂亮、更威武，为的也是向雌性动物求偶获得更多的成功。因此，女孩若想让自己拥有更多高质量的追求者，不仅不能形象邋遢，还要保证自己的外形不能过于土气或者素颜，那样很难引起男人的注意。若想更多地吸引男性的眼球，那就必须在自己身上多下工夫，让自己做到秀色可餐，活色生香。

历史上有不少故事，均描写女子用心的打扮，只为了博君一笑。

胡兰成在《今生今世》里有一篇《民国女子》，写了他与张爱玲的爱情故事。有一段话恰巧说明女为悦己者容。胡兰成写道："爱玲穿一件桃红单旗袍，我说好看。她道：'桃红的颜色闻得见香气。'还有我爱看她穿那双绣花鞋子，是她去静安寺庙会买的，鞋头连鞋帮绣有双凤，穿在她脚上，线条非常柔和。她知我欢喜，我每从南京回来，在房里她总穿这双鞋。"

终其一生，张爱玲穿最极致的衣服不仅是为了自己的愿望，更多的怕是为了那个负心郎胡兰成。

晓说

女人愿意为喜欢自己的男人梳妆打扮，说明女方很在意男方，希望自己打扮得漂漂亮亮，赢得男方更多的爱。但是值得注意的是，真正的爱情，并不完全建立在梳妆打扮上，作为女方愿意为喜欢自己的男方打扮，那只代表女方的态度，并不是爱情的一种条件。而我们需要端正的正是我们的态度。很多女人认为找到恋爱对象以后，就不必对自己的容貌过于上心。有这种想法的女人可以思考下自己的男人为什么追求自己？一见钟情的自不必说，即便是日久生情，大多也会在考察外貌以后才会表白。外貌已经是当今人们寻偶的一个重要条件。如果女人不注重保养，现在的自己又会有几个男人来追求呢？如果没有男人欣赏你，又如何保证自己的男人不会对自己乏味呢？小三是现代社会婚姻女性谈之色变的话题，提到小三，我们更多怪罪的先是小三，而后是男人。可实际上，我们并不是输给了小三，而是输给了自己，输给了时间。我们没有去和时间赛跑，没有努力地提升自己，没有为枕边人保留最美丽的自己。如果自己什么都没做，又如何博君青睐呢？不要努着劲地把自己变为男人的保姆，真正值得花精力的，恰恰是装扮自己。

幸福秘方

女人学会装扮自己，并不意味着盲目地追求昂贵的品牌，更多的是要干干净净、整整齐齐、大大方方。所以，女人每天要仪态优美，仪表端庄，打扮得优雅从容再出门。打扮可以让女人变得美丽，美丽使女人自信，自信又可塑造女人的气质，气质增添了女人的魅力。女人的自信很大程度是建立在别人的关注上，所以，女人很有必要为自己的美丽和自信做一些投资。女人装扮了自己，既获得了他人的关注，又可获得他人的青睐，也会让自己更加自信且富有魅力，一个完整的良性循环体系便建立起来。到那时你会发现，自己是多么的了不起。

守护爱情

女人那么用心地打扮为了博君高兴，与其说女人在博得对方的好感，还不如说是在保护自己的爱情。女人们用自己的美丽和勤劳的修炼来拴住男人，来套牢自己的爱情，给爱情描绘上五彩的颜色，不断地滋润爱情，让爱情之新鲜血液源源不断地涌入。以至于自己在男人面前依旧美丽动人，魅力无限，器宇不凡。很多男性都有一个共有的特性，那就是“看孩子永远是自己的好，看老婆永远是别人的好”。因此，女人们更需要耗费一定的时间和精力去装扮自己，不管是从外养还是内养，都不断地努力提升自己。以此让自己永葆青春，让自己的男人不会厌烦，在他们心里永远留着自己最动人的模样。女人从 20 多岁开始，跟定一个男人，和他患难与共，一起经历风风雨雨，装扮自己已不再是讨自己欢心和博取他人喜爱那样简单，装扮自己更多程度上可以守护那份来之不易的爱情。

女神形象修炼之道

容貌——内心的气场

美国著名潜意识大师皮克菲尔提出：气场可以是吸引力，是魔力，它既是一个人能力的体现，同时也能够影响和感染他人。菲尔博士认为，一个人最大的价值来源于他在某一方面收获的存在感，他对别人的影响力，以及他对自己人生的掌控力，并在此中体现出来的让人无法抵挡的魅力。因此，人的性格影响气场，气场又影响外貌和穿着，外表又会影响吸引力。当你内心的气场强大时，不仅相貌随之变换，还可以提升人际关系，控制好自己的职业生涯，战胜各种困难，也能保持身体健康，获得家庭幸福。

从气场的本质讲，它来源于心理与身体的整体状态，气场是人们给他人感觉和影响力的身心状态。历史上有个非常有意思的故事，说的就是有关气场的事。

三国时期，魏王曹操统一了中国的北方境地以后，声威大震，很多部落纷纷依附。其中，一个匈奴国王派使者送给曹操很多贵重的宝贝，同时，使者还有一个任务，就是观察曹操这个人到底怎么样，是不是做皇帝的人才，值不值得匈奴国王依附，于是，使者要求见曹操一面。

曹操觉得自己长得很丑，又很矮，怕压不住匈奴使者，让匈奴王觉得自己好欺负而暗怀反心。于是，他就把一个叫做崔琰的谋士叫来，让他坐在自己的床上接见那个使者。崔琰可是一个眉目清秀、身材高大、器宇轩昂的人，而曹操自己则拿了一把大刀站在床边装成侍卫的模样。接见完毕，魏王曹操派人去问匈奴王的使者，觉得曹操这个人怎么样。使者说："曹操很漂亮，也很有风度，可是我觉得曹操的卫士——床边拿着大刀的那个人——才是真正的英雄啊！"

由此可见，这位匈奴使者也决非等闲之辈，他能够通过崔琰表面的"雅"，看到他深层次里的缺陷：威武不足，亦即没有曹操那种从骨子里透出来的英雄气概。

所以说，容貌是内心气场的强有力的表达。内心气场如何，都会一丝一毫地体现在自己的相貌上。因此，美化自己的相貌，需努力修炼自己的内心，由内而外地散发自身独特的气场。

气场是无形的，听、观、嗅、味、触五感获取的信息都是现象，只有心灵感受到的信号才是气场。我们的心灵是什么模样，气场就是什么样子。一个人的心理状态会决定他的声音、他的表情、他走路的姿势，甚至，他的相貌也会随着自己的心理状态的改变而慢慢发生变化，而且，人的气场也完全由人们的心理状态决定。有些人会感觉心理状态能够改变相貌，听起来相当荒谬，但你应该看到过或听说过"夫妻相"。一对长期生活在一起的夫妇，由于磨合得非常好，心态渐渐融合，于是，容貌必然也会越来越相像。所以我们说，相由心生。因此我们在构建自己心灵的时候，一定谨记心灵的食谱是什么样，心灵就会长成什么样。我们必须供给对自己有益的心灵食物，这些食物会让我们的心灵焕发光彩。古人孟子曾曰：充实之为美。比如，如果你想拥有积极的心态，那么，多读一些积极的书籍，那些阳光快乐的故事会慢慢影响你；多与积极乐观的人接触，在心里牢牢抓住“积极”这两个字。逐渐地，你就能培养出积极乐观的心灵，而外界也会随着你心灵的改变作出相应的回应。在此过程中，一定要尽力避免悲观消极的心态。经过心灵的修炼，你可以重新塑造全新的自己，稳固由此带来的全新面貌，并且享受新面貌为你带来的一切美好事物。

幸福秘方

爱默生曾言：虽然我们走遍世界去寻找美，但是美这东西要不是存在于我们内心，就无从寻找。一个人的内心有多强大，他所向往和搭建的舞台就有多广阔。我们每个人先天拥有的能力都不一样，有的人生来美貌，有的人生来聪慧，而有的人则生来愚钝、鲁莽。所有的这些都是人生的很小一部分，每个人更多要做的就是后天培养自己内心的力量。内心的力量只能靠自己的细心、恒心、耐心去努力培养，一旦内心的力量被启动、被激发的时候，一股势不可挡的气场就洋溢出来了，那是一股神秘且富有魅力的磁场，强烈地吸引着周围的目光。然而，心灵的修炼并不是一件简单易得的事情，就像世间任何事情的发生都有一定的过程一样，我们需要做好心灵修炼的每一环节。俗话说：不积跬步，无以至千里。我们要努力做好的，就是日积月累地走好每一小步，当积累到一定质的程度，美好的心灵、不凡的谈吐、强大的气场以及崭新的容貌都会随你而来，让你更自信，更积极，更富有魅力。

身体——性感灵魂的来源

很多女人对性感的认识并不深刻，或者说她们并不理解什么才是真正的性感。女人开始接触性感、感受性感大多是从生活环境中得到的信息。无论电视还是报纸杂志，总是容易夸大女性的特有特征，并以此为性感。因此不少女人认为只有丰胸美臀，拥有傲人的凸凹有致的身材才可称之为性感。此外，随着影视剧的夸张表演以及广告等夸大的表达，演员所穿衣物越来越少，领口开得越来越低，裙子越来越短，如此引来目不侧视，狂喷鼻血的效果。现实中，不少女人也以此为性感的定义，认为只有如此装扮自己，才会让自己显得性感。其实，从身体的角度衡量这些并没有任何偏颇，因为女性的人体美一贯被认为是人间最美的物体之一，许多顶级世界名画均体现的是女人凸凹有致的仪态美。但是正因为有了这些想法，女人总会过多地关注自己的身材，或多或少地担心自己的身材不够性感，担心胸部不够大、不够挺拔，担心臀部不够圆润、不够翘。于是五花八门的整容，增乳、吸脂等美容方法应运而生。实际上，身体的表象只是女人性感的一个方面，是感官层次的一种感应。而更深层次的性感，是身体内灵魂的性感。拥有了那个灵魂，想不性感都很困难。如果说身体的性感能够俘获男人，那么灵魂的性感不仅可以俘获男人，更可以俘获男人那颗不安定的心。

随着岁月的流逝，女人就算拥有再完美的身体，也会逐渐衰老，如果说身体只是男人的一剂调味品，那么灵魂的性感才是能延续一生的主餐。其实男人对女人的身体并没有我们想象中那么苛刻，他们在一定程度上也很重视女人的灵魂表达。那么，什么是女人的灵魂？简单来说，还是一个人的思想和表达。一个女人可以是优雅的、活泼的、精灵的、端庄的，那么她的性感也是不同的。我们的身体只需确切地表达出我们的灵魂即是性感，这无关我们的身材。有的女人身材并不逊色，但就是没有男人垂爱。我们必须打破一条思维定式，那就是：只要身材好，都能找到好男人。事实证明，不少的身材上乘的女人也苦苦物色不到喜欢她们的男人。

颖子是个长相身材俱佳的姑娘。皮肤白皙，眼若秋水，嘴唇红润。身材也不逊色，一米六八的身高，C-cup的傲人尺寸，却迟迟没有收获如意的爱情，就连屡次相亲都以失败告终，而且问题都是对方没有看上自己，到现在还是一枚大龄剩女。颖子非常苦恼，不明白自身问题出在了哪里。但是她的朋友们都非常清楚她的问题。好朋友媛说，颖子虽然外形不错，但她没有一丝自己的特点，没有任何风格。好朋友梅评价说，颖子太不显眼了，同学中娇小的、直爽的、淑女的各种类型都能找到合适的人，只有颖子没有一点自己的类型。而异性朋友对颖子的大多评价是，她没有特点，没有气质，没有任何一个男人喜欢她那个样子的。由此可见，培养自己内心的灵魂有多么的重要。

晓　说

一个可爱的女生，她的身段是灵巧灵动的；一个直爽的女生，她的身体表露的是大气豪爽；而一个端庄的女生，她的身体则是优雅而有韵味的。可是一个没有任何特点的女生，她的身体不过是一副躯壳，没有任何灵魂注入在躯壳之内，如此，男生们怎么会喜欢呢？身材的吸引只是一时的，而灵魂的吸引则是一世的。因此，女人们，赶紧行动起来，培养自己内心的灵魂，找到最适合自己的灵魂，并通过身体表达出来，让身体不只作为自己的一个外形，更重要的是，让身体演变为自己内心灵魂的出处。

幸福秘方

如何才能让身体成为灵魂的最好表达呢？为此我们不仅要修炼自己的内心，同时我们还要修炼自己的身体。培根曾经说过："形体之美胜于颜色之美，而优雅的行为之美又胜于形体之美。"优雅端庄的体态，行之有效的修饰，甜蜜的微笑以及具有本人特色的仪表仪态，都会给人留下美好的印象。有的人身材外貌很有优势，但却坐无坐相、站无站相、表情呆板、举止忸怩、谈吐粗俗，使人感到很不舒服，很不协调，很难给人以美的感觉。在给别人的印象中，仪态美是很重要的一环，仪态美代表了一个人的气质、风度和特点。仪态的感觉是从身体信息传达出来的一种感官感应，我们要努力训练自己的仪态表现，以争取给别人留有最好的印象。比如留心训练自己的坐姿仪态、站姿仪态、走路仪态以及谈吐风貌等。比如：坐姿要做到端正、自然、大方。站姿应做到挺、直、高。走路的时候要有腰力，有韵律感。只有很好地练习了仪表仪态，内心的灵魂才能更好地和身体相结合，才能更好地释放自己，表达自己，持久地吸引他人的目光，增添女人的魅力。更重要的是，可以牢牢拴住男人那颗驿动的心。

声音——彰显女人味的精华

很多女人对自己的外貌和形象非常重视，却常常忽略了培养自己内心深处的另一个感官灵魂，那就是声音。从古至今，流传了很多精美的词语来形容女人那动听的嗓音，比如袅袅余音、洋洋盈耳、莺声燕语、余音饶梁、柔声细语、曼语妙音，等等。可见，女人的声音多么美妙，可以给人们带来很多美好的感受，让人沉醉其中。生活中，女人的声音也非常重要，一个声音幽婉柔美的人，往往很容易被周边的人接受。比如一个女孩说出来的话稍有幼稚，大家只会认为她很纯洁。而相反的，同样的话被一个声音难听、嗓门很大的女生说出来，大家也许会觉得她头脑简单，性格跟爷们儿一样，女性的娇嗔可爱刹那间全无，更别提任何女性的魅力。

燕子是个面容姣好的女孩，巴掌大的瓜子脸，一双黑眸，忽闪忽闪的勾人心魂，可是长相如此标致的可人感情却非一帆风顺。朋友最近为她介绍了一个条件不错的男孩，几次见面以后，感觉不错，可是男方却提出了分手。燕子满心疑惑，通过朋友的一再追问，方才得知是因为自己的声音难听，对方无法接受而提出分手。燕子的说话声音较为尖锐，并且说话语速极快，通常给人一种咄咄逼人的压迫感。因此，她中了恋爱婚姻中的一个大忌，因为对声音的毫不修饰，导致自己缺乏女人味。试想任何一个男人，都不愿意找个母老虎一样的女人做老婆，有些女人即便性格不是母老虎，但是缺乏对声音的培养，通常也会给人带来压迫感，从而导致被他人否定。

晓　说

男女相爱，相貌是一方面重要的原因，另一方面决定性因素就取决于声音。甚至很多地方男女相爱直接取决于声音。在中国很多少数民族地区，至今仍沿袭着对歌定亲的风俗。在茫茫的山林中或者潺潺的小溪中，此一句歌，彼一句歌，或满含激情，或莺声婉转。此时男人的主要目的，就是听听未来媳妇的声音够不够动听。虽然我们不用达到唱出动听的歌谣的高度，但是拥有动听的声音，往往能决定爱的吸引与和谐。恋爱中的情侣们，忙于各自的事业，有时候见面的次数并不太多，主要是靠电话传情，这个时候就凸显声音的重要性了。女人的可爱、娇嗔、妩媚，在对方看不见自己的时候，都可以通过声音表达出来。

幸福秘方

不少女性会认为，自己天生的嗓音很难听，这个是先天赋予的，怎么可以改变呢？谁都想拥有一副动人的嗓音，可是天生的没有办法改变，由此很是烦恼。实际上，这种想法并不正确，声音就像美貌一样，可以变美也可以变丑，最关键的是，要学会如何把握和驾驭自己的声音。有些人天生嗓音尖锐，有些人天生嗓音沙哑，而有些拥有合适人嗓音的，还是一张嘴，周围的人恨不得都想捂上耳朵。这些，都需要我们努力的修炼自己的嗓音，让自己的声音动听起来。对于嗓音尖锐的女生，平时应多注意不要大声说话，尖锐的嗓音配上大嗓门，效果简直堪比音响走音，没有人能够忍受。而嗓音沙哑的女生，平时更应多注意保养自己的嗓子。其实嗓音沙哑并不是难听的声音，很多著名的歌星，嗓音也是沙哑的，但是却把歌曲诠释出自己特有的味道。因此，沙哑声音的女人一样可以找到自己的女人味，这就要求我们合理地训练自己的声音。

想要吸引他人的注意，首先要拥有磁性的嗓音。富有磁性的声音，能够准确恰当地表达情意，更能声声入耳，娓娓动听。与人沟通时，我们要根据思想感情的需要、谈话内容等情况，随时地变化声音的响度，以达到理想的效果。为了使自己的表达婉转动听，我们要做到让自己的声音低而不虚，沉而不浊，声音如若大珠小珠落玉盘一般错落有致，充分展现口语的层次感和声音的错落美。如果天生的嗓音并不完美，我们就可进行自我调节。首先，我们应多注意多使用得体的语言；其次，根据不同环境和场合展现不同的语音语调；再次，在自己的声音特点基础上，寻找最佳发音、音量，这点可以找自己的好朋友们练习。最后，在说话的同时，一定注意自己的语气，不要让语气过于生硬。女人若不注重声音的训练，就像凤凰脱去了光彩亮丽的毛羽。失去声音的魅力，犹如失去女人的特征。因此，女人一定要积极训练自己的声音，以此彰显自己独有的女人味道。

气味——闻香识女人

女人的香味好比女人的另一金字招牌，即使在漫山遍野的花海中，散发独特香味的你也会傲然于花海，成为众人的焦点。不同于阳刚之气的男人，女人的气息更带有一丝丝阴柔之美，淡淡的味道，或有或无地散发出来的阵阵香气，常常令男人欲罢不能，神魂向往。现实生活中，男人更倾向于接近喷有香水的女人。他们认为与喷有香水的女人交往，无论交谈还是拥抱，更富有罗曼蒂克的味道，颇为享受。喷有香水的女人更浪漫，更有品质，不仅饶有魅力，还体现出不少生活情趣。

在古老的埃及和中国，女子爱用鲜花沐浴或将香料制成香包随身佩带。唐白居易《崔侍御以孩子三日示其所生诗见示因以二绝和之》之一云：“洞房门上挂桑弧，香水盆中浴凤雏。”可见自古时起，女子已注重用香水来展现自己的美。著名影星艾尔·帕西诺凭借《闻香识女人》一片夺得奥斯卡最佳男主角。该片叙述了一名预备学校的学生，为一位脾气暴躁的眼盲退休军官担任助手的故事。艾尔·帕西诺饰演的退伍军人史法兰中校在一次意外事故中双眼被炸瞎。他整天在家里无所事事，失去了生活下去的勇气和信心。他本准备用尽最后的精力享受一次美好的生活，但在此期间的种种经历让史法兰找回了生活下去的勇气和力量。其中：长期的失明生活使得史法兰中校对听觉和嗅觉异常敏感，甚至能靠闻对方的香水味道识别其身高、发色乃至眼睛的颜色。影片中的高潮部分就是男主角跟随陌生女子的袅袅香水味，跳起一段优雅性感的探戈，引人回味。如果对方只是没有任何味道的普通女子，想必也就不会有浪漫的故事发生了。

幸福秘方

文学大师莎士比亚曾经说过：玫瑰是美丽的，不过我们认为，使它更美的是它蕴含的香味。因此，女人们，我们不仅仅要在容貌上让自己美丽，更要注重自己散发出的气息。香水好比女人的衣服，注重形象的女人都会使用，一个女人应拥有几款不同香味的香水，以适用于不同场合、不同心镜，让自己更加有魅力。美不仅停留在视觉上、听觉上，味觉也是一道必不可失的风景。现在不少人把香水冠以“穿”的名谓，其意义与从前的“喷”、“抹”相比更是有了质的飞跃：“喷”是可有可无的，然而“穿”则是必须的，光穿还不行，还要穿得漂亮。这就是女人为什么要用香水了，即使是国色还得有天香。不仅提升了自我品味，也愉悦了他人，更吸引了异性的目光。香水是一种工艺复杂且艺术的创作品，能散发浓郁、持久、悦人的香气，可增加使用者的美感和吸引力。所以说：女人用香水也是为了更好地展现自己的魅力，提升品位，彰显个性，标榜自我。

大家熟知的香奈儿的创始人香奈尔就很喜欢喷香水，而且笃信诗人瓦莱里的话：不喷香水的女人不会有未来。从此另一个有关嗅觉时尚的神话就此诞生。没有任何号码像香奈儿5号那样深入人心。提起No.5，人们即刻想到香奈尔，联想到一股幽香。神秘性感，杳渺飘忽，萦绕了大半个世纪，成为永恒的经典。但是值得注意的是，女人一定要用一款适合自己的香水，才能彰显独特的自我，有别于他。女人不仅可以根据喜好来选香水，更可以根据自己的性格来选，让香水的气息更符合自己。例如：成熟性感一些的就用香奈儿、迪奥、兰蔻，可爱乖巧的就用花样甜心或者安娜苏洋娃娃系列，文静的女孩用范思哲、卡地亚，时尚的女人则用巴宝莉、登喜路等。只有香水符合了自己的性格，才能更好地代表你，与你融为一体，更好地散发光芒。选择了适合自己的香水，如何使用呢？香不是关键，关键在于要有持续的幽香。若要持续的幽香，可在手腕脉搏处、耳后、颈上动脉处擦上少许，这样比较清香自然。若嫌香味淡，可增加脚踝、膝盖背部、盆骨内侧、侧腰等。因为香味都是由下而上挥发的，这几处的香味略显性感。此外，将香水喷洒在空气中，然后将衣服和人从中间来回穿走而过，可留余香。女人们，心动不如行动，不要浪费时间，从现在起，就争做迷人芬芳的女子吧。

服饰——独有的品味内涵

漂亮衣服，是女人们永远都谈不腻的话题。有一句经典的话语可以形容：女人们总觉得衣橱里面缺少一件得体的衣服，一双舒适漂亮的鞋子。大多女人心甘情愿地把自己的周末奉献给各个商场，哪怕只是逛逛，也饶有兴致。服饰对于女人，在《公爵夫人》这部电影中得到淋漓尽致的表达：公爵在新婚之夜一件件地解开妻子繁复的装束时，不由地抱怨道："不明白你们女人为何要穿得这么复杂。"公爵夫人羞涩低垂双眼但却镇定地说道："因为，女人没有别的途径表达自己，衣服是我们表达自己的方式。”时至当今，女人表达自己的方式已远远不止于服饰，但是服饰仍不失为最经典的表达方式之一。文豪莎士比亚曾说：衣裳常常显示人品。在精美外衣的彰显中，更能衬托女人的妩媚与楚楚动人。

晓　说

静是个长相非常普通的女孩，虽然皮肤还算白皙，但是一双不大的眼睛，让自己失去了夺目的光彩。眼睛对于女人来说，相当于灵魂之窗，如果眼睛很小，则很难引人注意。但是静并未因此烦恼，她的乐趣转而装扮自己，一个人要充分地了解自己才能找到适合自己的路。静并没有浓妆艳抹，让自己看起来夸张且吓人，她只是很合体地从服饰上打扮自己。静努力研究服饰搭配，让自己看起来身材很好，配上一头可爱的卷发，加上迷人的笑容，一副小女人的娇姿，总是让人眼前一亮，整体给人感觉十分好。在众多美女围绕的生活中，静早早的找到了如意郎君，并深深吸引着对方，令大多美女望洋兴叹。在静的幸福生活中，服饰起着功不可没的作用。

对于女人来说，衣服就像闪烁烛光下翩翩起舞的精灵。一件衣服、一双鞋子，就能代表女人的心境，一段故事，甚至预测着女人不可预知的未来。《倾城之恋》里白流苏从港返回上海，范柳原站在渡口，远远看着这个身着绿色旗袍的女人身影慢慢变小，那曼妙的身段像一个绿色的药瓶，于是从心里认定，她，就是他救命的药。这身绿旗袍，加上那风、那云、那海、那水天一色的沧桑，成功铸就了一段艳遇，一个传奇。而演员陈数也因这个角色让大家永远地记住了她，记住了那个穿旗袍而美得不可方物的她。在美衣的衬托下，人的气质也极速提升。我们记住的经典，往往不是某个人的某个面貌或者五官，大多时候更是穿着某件衣服所给人带来的独有气质的感觉。

幸福秘方

如果说女人存在的意义是为了体会爱情，享受爱情。那么衣服则是女人情感的一种宣泄，一种表达。男人们喜欢通过服饰来品味女人，来判断一个女人是否适合自己。现实中的女人，可以没有聪慧的头脑，没有妙语连珠的谈吐，但必须要有得体的穿戴。著名网球运动员小威廉姆斯曾经说过：衣服不会造就美女，但会帮助造就美女。如果让女人选择一种表达自己魅力的方式，服饰是一种最简洁、最直接、最具感染力的方式。一个女人的眼界、涵养、情趣都会在她的穿戴中会表现得淋漓尽致。郭沫若曾经说过：衣裳是文化的象征，衣裳是思想的形象。从人们对服饰的选择，可以窥测到他的文化水平和道德修养的底蕴。我们大可通过服饰来提升自己的品味，靓丽鲜艳的衣服注定提升一个女人的气质。

我的青春我做主

"青春少年是样样红可是太匆匆"，人人熟知的一句歌词，却简洁有力地概括了每个人的青春年华。青春是每个人的必经阶段，也是每个女人最风华正茂的年岁。刘墉曾说：一个人如果20岁而不美丽、30岁而不健壮、40岁而不富有、50岁而不聪明，就永远失去这些了。20岁的我们一定要把握自己的青春岁月，让自己由内而外地散发着美丽光芒，魅力四射，做最光彩照人的自己。

古罗马哲学家西塞罗曾言：春是自然界一年中的新生季节，而人生的新生季节，就是一生只有一度的青春。青春的我们朝气蓬勃，婀娜多姿。青春的火焰不仅燃烧得炽烈，燃烧得更为迅速。年轻的女孩们，要学会和时间赛跑，用有限的青春点燃全新的自我，为以后的人生奠定基础。长到20岁，女孩们要开始学习培养自己，经营自己。

在人生的起步阶段，要善于发掘自己的美并合理运用。这里并不是指仅仅依赖美貌而找个可以依赖的人。而是当美貌作为一种资本的时候，要善于利用它达到自己的期望。也许有人会说当个花瓶并不是多么值得炫耀的事情，但是当花瓶摆在合适的位置，奉献着无可替代的光彩时，花瓶不仅仅是个花瓶，而成为一个不可或缺的艺术品，人们都会用赞叹的眼光欣赏它，满足于它。所以年轻的女孩要利用好自己的青春美貌，并不断充实自己，让自己从外形到内里都拥有独特的气质，成为一件人人欣赏赞叹的艺术品。

葱荣岁月美若仙，时光飞逝亦不停。众生嗟叹青春逝，唯把美好驻心间。青春无论如何的美好，总是匆匆易逝，从不等及追赶它的人们。不少人在青春的岁月虚度光阴，蓦然回首，发现自己早已被甩出时间的车轮，奈何怎么努力，也无法重获青春。当人们无法挽救青春的容颜，就必须练就一颗青春的心，以心养颜，永葆青春。契科夫曾说：要紧的事情是别浪费你的青春和元气。年轻的女孩子们，一定要多看书，喜欢看书的人，头脑是智慧的，心胸是宽广豁达的，对青春和人生的感悟也是灵动的。用心阅读，可以让心情平静，每一本书都是女孩历练的资本，脱离了肤浅，才能开阔眼界，学会人生哲理，以豁达的心去面对生活，迎接生活的挑战。当你拥有一颗脆弱的心时，很容易被生活打败，从而过早地失去青春生活。但当你修炼了一颗平和的心，努力学习，豁达地处理生活中每件事情时，那么青春将与你同在。

莹是一名大学生，总是苦于自己的青春很无聊，没有足够漂亮的外表和傲人的身材，因此总是宅在宿舍或是家里不愿意出门。每天大多时间对着电脑发呆，偶尔会在网络上找找美容秘方，给自己做个美容，但效果寥寥。莹每每看着网络上别人贴的靓丽照片，总觉得自己的青春没有来过，也不会来，感觉人的一生就是上学、考试、工作、成家而已，为此百无聊赖。

晓　说

达·芬奇曾说：趁年轻少壮去探求知识吧，它将弥补由于年老而带来的亏损。智慧乃是老年的精神养料，所以年轻时应该努力，这样，年轻时才不致空虚。经济条件越来越好，但越来越多的年轻人并不会利用自己的青春时光，把自己的青春演变成为老年人的生活。趁着年轻，为什么不多读读书，不去外面走走呢，多呼吸下新鲜空气，多做运动，绝对有利于身心健康。每每看报道，外国的年轻人放假不是天天出门做体育运动就是出门远行，而大多中国年轻人基本都宅在家上网，不少年轻人的颈椎、腰椎都有问题。只有天天运动，才能精力充沛，才能看起来像个年轻人，而不是一副小老头、小老太太的模样。读书和锻炼在青年时期极为重要的两件事情，必须作为日常的修炼才能尽可能地点燃自己，留住青春年华。

幸福秘方

年轻的人们，相比于父母年轻的时代，你们有更多得选择可以做。你们可以修饰自己的容貌，培养自己的品味与气质；你们可以选择多种体育运动；你们可以尽情地旅游，去开拓眼界。远离电脑，过健康的生活。罗斯金曾说：年轻时代是培养习惯、希望及信仰的一段时光。这个时期你们的行为，塑造的就是未来的自己。人人都想拥有漂亮的容貌，高雅的谈吐，但是空想是没有任何收获的，只有脚踏实地地修炼自己，终有一天我们会变为那个想成为的人。我们可以把自己当成明星一样要求自己，明星在成名以后，不仅容貌越来越漂亮，气质也会提升，甚至学识都有大幅度提高。所有这些，仅靠整容是得不到的，她们为了公众的形象，都在日复一日地修炼自己。年轻的你们，还等什么，你们有的是资本，你们并不比别人差，青春的你们要尽情地由自己做主，努力修炼，有朝一日，你们必定成为自己理想中的那个人。

论美容驻颜之持久战

普天之下，女人最怕什么？衰老可能是所有女人的统一答案。恐怕每一个女人都希望自己驻颜有术，希望自己拥有雕塑般不老的容颜，更有不少人将毕生的精力投入到这场美丽与衰老的战争中。居里夫人曾经说过：持久的耐力铸就成功。美容亦是如此，想要持续拥有姣好的面容，必须做好持久斗争的心理准备。美容驻颜，不仅需要外养，更需要内调，内外参透，方能达到预期的效果。

美容养颜锦囊之一——“表面工夫”

只做表面工夫，也可以直达皮肤深层，这可是绝对的懒人驻颜之术。首先，一定要彻底清洁面部，让肌肤自由地呼吸。很多人很注重护肤品的档次，却忽略了清洁的步骤，如果面部未清洁彻底，则擦拭再高级的护肤品也是徒劳无益的。清洁面部之前，一定做好卸妆。不少女生化妆的时候踊跃积极，一到了卸妆，就懒得认真了。殊不知，化妆品未卸干净，是对皮肤最大的损伤，皮肤无法自由呼吸，长此以往，会加速老化，黯淡生斑。因此，每个人都要做到面部清洁，尤其是长期对着电脑的美眉，如有条件，最好一天多次洗脸，以减少电脑辐射，保护皮肤。

美容养颜锦囊之二——“美食与运动的完美结合”

美容最切记的唯有懒字，懒女人是没有前途的。若想让自己娇艳如花，必须时时为自己烹制养颜食谱。女人要经常吃一些有助于美容的食物，比如：酸奶、醋、西芹、银耳、豆制品等。只有爱惜自己的女人才能得到来自于自身的最好回报。而身体总动员，可唤醒体内沉睡的每一个细胞。适当的运动可以激活全身每一个细胞组织，从而加快血液循环，加强肌肤的新陈代谢，让你自内而外地散发健康之美。面部肌肤往往是内部健康的体现，身体健康，自然皮肤就好，白里透红的姿色，唯有运动可以促就。女性可适宜地进行例如慢跑、瑜伽等运动。美食与运动的完美结合，会让你的美容计划事半功倍，不仅养了容颜，更愉悦了内心。

菊子今年已年过五旬，但是认识她的人都感觉她与年轻人无异，甚至比有些年轻人还富有活力。不再年轻的脸上仍然散发着积极乐观自信的神情，充满了生机。菊子热衷于年轻人所做的一切事物：聊QQ，玩开心，刷微博，发微信。不仅这些玩的水平很高，工作上，年轻人会的她也都学，熟练运用各种办公软件，从来不输于年轻人。在高龄学车拿本以后，经常开车带着朋友、同事一起参加团购活动或者到郊区游玩儿。永远保持年轻人的心态，什么新鲜玩儿什么，是菊子的生活准则。虽然年岁已高，但容貌比同龄人至少年轻15岁，经常被冠以姐的称谓，生活也充满了幸福开心。

晓　说

容貌发自于内心，心理年轻，则容貌年轻。女人们切记家长里短，小性使然。要培养自己乐观悠然的心态，让自己积极起来，有了乐观的心态，容貌自然富态年轻。不要让愁眉苦脸的事情侵占内心，要学习帮助自己排解，做一个快乐的天使。没有哪个男人会喜欢小苦瓜似的女人，只有积极乐观、外表开朗的女性才能让自己活得年轻漂亮。

幸福秘方

美女必须要有好容貌，好身体，好身材，好心态，好形象，这些都是修炼出来的。想要自己拥有不老的美丽容颜，就要时刻不停地修炼自己。刘墉说过：时间是不等人的，它残酷得甚至不能给予失败者一点同情。因此，我们绝不能做输给时间的人，珍惜光阴，拒绝懒惰，将自己修炼成为一个容貌美、心态美的真美人，并持之以恒地修炼下去。10年、20年以后，你会发现，自己也可以像明星一样逆生长，变得越来越美丽动人。

每天5分钟美容护肤小知识

好肌肤是每个女人所渴望拥有的，尤其25岁以后，女人的皮肤每况愈下，如果不注意呵护，衰老则会不约而至。美丽肌肤，从每天5分钟开始，持之以恒，将会看到神奇的效果。

冷热水交替洗脸

此种方法可致皮肤紧致，大美女徐若瑄就是用此方法保持年轻姿容。

用矿泉水面膜补水

此方法简单经济，适用于工作忙的女强人以及懒人。矿泉水富含各种矿物质，价格不贵，每日敷一贴，深层补水。

“牛奶浴护脸”

每日喝完的牛奶袋不要扔掉，早晚可灌入温水洗脸，长期使用可使面部肌肤白皙嫩滑。

按摩脸部穴位

淡化黑眼圈。太阳穴（眉梢和外眼角中间向后一横指凹陷处）、四白穴（直对瞳孔下一寸处）。

祛斑美白。阳白穴（瞳孔正上方，离眉毛上缘一指处）、临泣穴（瞳孔正上方，直入发际0.5寸处）。

提亮面色。太阳穴（眉梢和外眼角中间向后一横指凹陷处）、攒竹穴（眉头内侧）。

紧致肌肤。头维穴（前额发际拐角处上约半寸处）、下关穴（头部侧面，耳前一横指处）。

颈部保养

纸面膜可以做颈膜。一张纸面膜在脸部敷15分钟以后，千万不要丢掉，将它整体移到颈部再敷上5分钟，就可以当成颈膜使用了。很多女人忽视颈部保养，使得脖颈成为暴露年龄的一大硬伤，因此要护脸护颈同时做。

加热涂抹护肤品

护肤品最好都在涂抹前用双手揉搓几下，用手温给护肤品加热，然后涂抹在脸部。等被脸部全部吸收后，再揉搓10下，轻轻按压全脸，帮助提高吸收，你的小脸会更红润健康。

注意防晒

无论夏季冬日，均需做好面部防晒，更好地保护肌肤。

护手护脚霜

入睡前均匀涂抹手霜脚霜，涂抹完毕后佩戴手套袜子，经过整宿的滋润，手脚都像新生儿般滋润。一周坚持1～2次。

水果面膜

勤用果蔬做面膜。果蔬中含有丰富的维生素，可直接补充面部所需营养。相比市场上的面膜，DIY水果面膜少了损伤肌肤的化学元素，可以边吃边美容。

热水烫脚

每晚坚持热水烫脚，舒筋活血，补肾提气，对女人的气血改善有很明显的效果。

魅力永恒

之

修身养性篇

从16世纪开始，欧美人常在已逝者的坟上植下一棵迷迭香，代表永恒的生命、爱与美好的追思回忆。《哈姆雷特》里有这样的经典句子："迷迭香，是为了帮助回忆；亲爱的，请你牢记于心。"

花之物语——沉醉的迷迭香

迷迭香是一种浑身散发着香气的植物，叶片常绿，被当作是永恒的象征。采摘下的迷迭香树叶常绿不衰，因此人们把迷迭香与思念联系在一起。在罗马，迷迭香被认为是一种神圣的草，可带来幸福。英国有一首古老的名谣：当你爱上一个人，当你思念一个人，带着你的爱和思念，来到开满鲜花的田野，对着摇曳的迷迭香，轻轻诉说你的心事。你心爱的人、你思念的面孔，就会出现在你的眼前。

传说，匈牙利王妃伊丽莎白女王将迷迭香精油制成化妆水，每天用它来洗脸，所以即使年事已高，看起来仍然像年轻女子一样的美丽，使得许多欧洲贵族以为看到了她，就回到了自己的年轻时代。那一缕缕沉醉的迷迭香，充分代表了女人婀娜多姿的妖娆魅力，滋润了女人貌美的容颜。有魅力的女人也许五官并不出众，身材也并不傲人，但她仍像迷迭香一般，在众花丛中吐艳着自己特有的芬芳。

周杰伦的《迷迭香》，人人熟知传唱的经典歌曲，随着"你随风飘扬的笑，有迷迭香的味道，语带薄荷味的撒娇，对我发出恋爱的讯号……"的曲调，带我们走进了迷迭香的世界。用它来形容女人的魅力，最贴切不过。当我们带来自己身上独特的一面时，或许我们并不觉得如何重要，但那穿透众人的个性，就像迷迭香所散发的味道，让人沉醉不已。因此，我们要积极修炼自己的个性，让自己成为有修养有学识的魅力女人。

修养，滋养女人的灵丹妙药

女人，任凭谁也无法阻挡岁月的脚步，青春和美貌不会永存，只有丰富的文化内涵所赋予女人的谈吐修养才是无与伦比的恒久魅力。修养好比一味良药，时时滋补着女人的身心，它赋予女人一种魅力、一种气质、一种神韵和一种品位。女人可以不美丽，但不能没有修养。有修养的女人妆容精致，神采奕奕，外形靓丽，风姿绰约；有修养的女人平和内敛，从容娴雅，谦恭淡泊，礼貌诚恳；有修养的女人，是一种遵从自我意愿的选择，是气质品味的自然流露。但有修养的女人不是上苍的恩赐，而是后天努力的结果。

女人如何才能有修养呢？刘墉曾说：【为人】谦恭一点，礼貌一点，淡泊一点。【修养】安静一点，慈善一点，沉稳一点。如果一个人动不动就骂人、伤人、损物，或者做一些超出道德标准的事，就是没有个人修养的表现。真正的修养不是自欺欺人的假装，而是发自内心地热爱自己和他人的心灵。有修养的女人是受人尊重，让人愉悦的。她明事理，有分寸，不尖酸刻薄；她举止端庄，温文尔雅，不撒娇不浮夸，让人如坐春风。要做到有修养，最根本的是要培养良好的习惯。细节决定成败，无论做什么事情，都要首先考虑到这样做是否恰当。一个人不经意的细节，往往反映的是一个人深层次的修养。要想做一个有修养的女人，就必须注意自己生活中的日常行为，同时，也要不断地扩大阅读范围，提高自己的知识素养，这样才能全面提高个人的修养水平。

大强和丽丽是已婚十年的夫妻，经过十年的夫妻生活，大强提出了离婚。丽丽自然不同意，认为自己无微不至地照顾他、照顾家，陪他度过了最美好的时光，有钱没钱始终如一，没有做过任何对不起他的事情。大强并不是大款，没有小三情人，却仍坚定地提出离婚。众人皆不解，大强无可奈何地说：我已经忍了太久，再忍下去会崩溃的。自己老婆虽然一直跟着自己，但是，一、不孝敬老人；二、心胸狭窄，总是疑神疑鬼；三、从不顾及男人脸面。大强是个很孝顺的人，纵使老婆百般不好，也诸多忍让，但多年的忍让并未解决任何问题，终有一天无法忍受而毅然决然地提出离婚。

晓　说

作为女性，必须全面提高个人的修养水平，方能牢牢抓住男人的心，并最终保证婚姻关系的牢固和长远幸福。一位哲人曾说：“塑造民族从女性开始。”一个女人，在社会和家庭中的作用非常重要。在中国古代，夸一个女人有修养，则是“知书达理，温柔贤惠。”也就是说修养不是随心所欲，修养不是唯我独尊，而是善待他人、善待自己。不少婚姻中的女性，把丈夫当做自己的私人财产，严加苛责与看管，从未善待于他。日子一久，难免男人会不顾一切地逃离你。

幸福秘方

有教养的女性会常常鞭策自己。这就意味着不姑息自己，对自己采取严格要求的态度。但如果对自己姑息而苛责于他人，这种人是没有资格被称为有修养的。做到有修养，必须要做到：第一，必须能够站在对方的立场思考问题。第二，必须能基于自己的想法说话。第三，必须能够鞭策自己。按照刘墉的建议，安静一点，慈善一点，沉稳一点，做一个宁静致远，修养有道的魅力女人。

另外，我们也必须知道一些女性没有修养的表现，这样才会在自己婚后的日常行为中保持警惕。美国一位行为心理学家，研究女性招人讨厌的各种行为，结果归纳出23种令人生厌的举止。

①经常对自己的命运及生活遭遇表示抱怨。

②扮演心理分析家，对任何人的言行，都要做出分析，找寻动机。

③骄傲自大，用夸耀去掩饰自己的怯懦无能。

④拒绝尝试新事物及新经验，不肯从众。

⑤言语冷淡单调，缺乏情感热诚。

⑥过分注意取悦别人，阿谀奉承。

⑦毫无主见，人云亦云。

⑧自我膨胀，视自己为最受瞩目的人物。

⑨过度轻率，凡事不经大脑思考。

⑩尖刻冷峭，专挖别人疮疤，恶意多，善意少。

⑪谈话内容狭窄，而且多以个人的喜好和活动为主题，从不考虑别人的感受或反应。

⑫在团体活动中扮演旁观者角色，从不为别人先或主动倡议什么活动。

⑬对人对事，从不认真，态度暧昧，模棱两可。

⑭肆意攻击诋毁别人，揭人隐私。

⑮过度吝啬，有机会占人便宜，绝不放过。

⑯喜欢挟名人以自重，常以“某某人是我朋友”来抬高自己身价。

⑰逢人便巨细无遗地表述自己的健康状况。

⑱专门败坏别人兴致。

⑲经常打断别人的话题，强行表达自己意见。

⑳扮演“通天晓”的角色，对任何事物都作权威状。

㉑自我过度谦虚，肉麻虚伪。

㉒经常向人诉说生活沉闷。

㉓自我吹嘘，夸耀个人优点及成就。

女人们在日常生活中，一定要注意避免以上令人不快的做法，努力提高自我修养，做一个人见人爱的智慧女人。

阳光的味道

有人说，女人可以不美丽，可以不年轻，但内心一定要充满阳光。阳光的女人自信、乐观、高雅，只有内心充满阳光才会快乐。现实生活中，不少女性为生活的烦恼、事业的瓶颈而焦躁，有时更为莫名的事由而焦虑感伤，把自己折磨得筋疲力尽却苦于找不到出口。也许偶然一刹那，豁然开朗有所顿悟，但很快，阳光的心态又消失得无影无踪，所要面对的，又是糟糕的情绪。其实仔细思量一下，我们真正担心烦恼的事情，又有多少会真正发生呢？

从前在杞国，有一个胆子很小、有点神经质的人，他常会想到一些奇怪的问题，让人觉得莫名其妙。有一天，他吃过晚饭以后，拿了一把大蒲扇，坐在门前乘凉，并且自言自语地说："假如有一天，天塌了下来，那该怎么办呢？我们岂不是无路可逃，而将活活地被压死，这不就太冤枉了吗？"从此以后，他几乎每天为这个问题发愁、烦恼，朋友见他终日精神恍惚，脸色憔悴，都很替他担心，但是，当大家知道原因后，都跑来劝他说："老兄啊，你何必为这件事自寻烦恼呢？天空怎么会塌下来呢？再说即使真的塌下来，那也不是你一个人忧虑发愁就可以解决的啊，想开点吧！"可是，无论人家怎么说，他都不相信，仍然时常为这个不必要的问题担忧。

晓　说

再熟知不过的故事，可往往人们仍然难以逃脱杞人忧天的境遇。心理学家通过实验发现，90％的忧虑从未发生过，剩下的10％则是一般人能够轻易应付的。女人们有时总喜欢自寻烦恼，却又不知如何处理烦恼。生活中，有烦恼也是很正常的事情，有烦恼并不可怕，最重要的是我们采用何种思考方式以及心态去解决问题，不同的心态会决定事情最后发展的结局。

乐观与悲观的态度，看似两个极端，实际上只有一点之隔。在平静的心态下，稍微往乐观的情绪上增添一点点砝码，那么你的心态就有如阳光般温暖热烈了。法国作家大仲马说："人生是用一串串无数的小烦恼组成的念珠，乐观的人是笑着数完这串念珠的。”太阳每一天升起都是崭新的，我们的心境在经过每晚的洗涤之后也应该是新的。当早上睁开眼睛的时候，我们需要学会让乐观的情绪占据自己的心境，学会将烦恼和愁绪从大脑中驱逐，以一种愉快积极的心态去面对新的一天。这样日子一久，我们的烦恼会越来越少，心态会越来越阳光。在面对事情时，我们就可以更坦然和乐观从容地去应对。

幸福秘方

时间可以改变一切，从现在开始，给自己一点时间，让时间来改变自己、改变生活。阳光女人的生活需要在每一天的充实中度过，忙忙工作，操劳家务，让自己体验成功的快乐。虽然生活是平淡的，但是平淡之中并不平庸，思想和心态都透着阳光的活力。空洞乏味没有激情的生活会让女人失去光泽，好比照不到阳光的植物，只会无精打采，早早萎缩。

阳光的女人对生活从来不好高骛远，不苛求命运的眷顾，不抱怨现实的不堪。她们总是顺应潮流，顺其自然地看待事物的发展，把握住自己可以掌握的生命的精彩。阳光的女人是热情的、自然的、高贵的，她们活的洒脱、活的积极、活的魅力四射，她们努力的奋斗着、改变着，活出崭新的自我，活出真正的自我。

阳光的女人不会把自己幸福建立在他人痛苦的基础上。想得到他人尊重与真心，必先真心对待自己，自信、乐观、独立、自重、善心、豁达，才是阳光女人的必备条件。修炼了这些，才能让自己散发强大的热量，温暖自己且照耀他人。这样的女人才能游刃有余地处理工作事务，才能运筹帷幄游走于家人朋友间，才能豁达乐观地对待一切不美好，才能不忘乎所以地沉醉于幸福快乐。

做个明媚的女人，绽放阳光般的风采。三毛曾经说过：没有人在世界上能够“弃”你，除非你自己自暴自弃。因为我们是属于自己的，并不属于他人。因此，女人们，要乐观、坚强、豁达、自重，既要温婉雅约，更要独立自信，像男人一样去拼搏，这样才能在简单的生活中活出潇洒，活出自我。所有的姐妹们，快快行动起来，加入阳光女人的行列，做一个珍爱自己，人见人爱，花见花开的阳光型美女。

书中自有颜如玉

女人如书，需要时间去慢慢欣赏，而书对女人的滋养是永恒的。丽质并不总是上天成就，也需持之以恒的修炼。有这样一些女人，她们喜欢买书、读书、写文字，记录触动心怀的文章。书对于她们来说，是最美妙的化妆品。哪怕她们素面朝天，衣着普通，身上所散发的独特的知性美，仍将无数浓妆艳抹的女人打压下去。与她们清新高雅的气质相比，浓妆艳抹的女人只会让人觉得油腻，无法让人心情愉悦。自古名言：“腹有诗书气自华。”简单贴切地描述了诗书对于气质的培养的重要作用。饱读诗书的女人，修炼了自己的内心，陶冶了情操，提升了个人气质，从而显得与众不同。

有人说：女人读书时眉毛是弯着的，嘴巴是抿着的，姿态是娴静的，所有的表情固化成最美的状态，让人百看不厌。因为爱读书，可以从书中获取营养，和名人交流沟通，从而净化自己的心灵，提高自己的素养。心灵和气质是息息相关的，什么样的心灵，就展现什么样的气质。美化而有营养的心灵，可以造就优雅高贵的气质。这份美会永远的跟随你，衬托你。

卓然是个非常喜欢读书的女孩。并不出众的外表上散发着自己特有的气质。从中学开始，喜欢卓然的男生就络绎不绝，学校大多漂亮女孩，唯独卓然备受推崇。男生们都喜欢她身上的唯美的气质，看着她非常舒服，感觉她是一个很明事理、心胸宽阔、谈吐高雅的女生，情不自禁地被深深吸引。不仅男生们心神向往，女人们也多饱有羡慕的眼光欣赏她。卓然总是一副宠辱不惊、心旷神怡的样子，明媚的面庞，加上浅浅的微笑，不自觉之中就成为男人们心目中的女神。

晓　说

爱读书的女人，不管走到哪里，都会是一道美丽的风景线。她可能貌不惊人，但那悠然的气质、超凡的谈吐，都促成了她清丽端庄的气质。那是天然的璞玉经过诗书的雕刻而成，像水一样清澄，像风一样洒脱，像花一样芬芳。多读书，读好书，在书的汪洋中，不断汲取营养，获得更多的信息，开发自我潜能，从而修炼一颗笃定的心与领略众人的气质。

幸福秘方

书可以是女人最好的闺蜜，与书多交流，可以使女人更聪慧、更从容。与书的交流过程中，更像是与书的主人密谈。与智者交谈，可以很大程度让自己受益，让自己眼界变宽，心胸豁达。在不知不觉中，可以从思想高尚的智者那里领略到生活的真谛。经过岁月的锤炼，自己也会演变为一名智者，待容貌芳华逐渐退去，那一份智慧、高雅、淡定必定将你打造成为心有沉淀的魅力女人。

曾国藩曾经说过：人之气质，由于天生，本难改变，唯读书则可以变其气质。书作为不朽的灵魂，对于人的塑造，尤其是优雅女人的塑造，起着功不可没的作用。

喜欢读书的女人，思维敏捷。因为书本训练了她们的大脑，教会她们知识与技能。在同样的事务处理上，她们会有更好的选择，展现着成熟干练的魅力。

喜欢读书的女人，沉稳踏实。因为书本沉淀了她们原本急躁的内心，教会她们适时适度。用良好的心态，掌控着每一件事情，不急不躁，不骄不馁，有条不紊地应对每一件事。那份踏实与沉稳，可以轻而易举地获取他人的信任与尊重。

喜欢读书的女人，心胸豁达。因为书本教会了她们海乃百川的本领。只有饱读诗书的人，才能平静地容纳所有欢乐与悲伤，才能不计较一时之间的得失。修炼如此，将会拥有怎样一番大气，大气的女人必定拥有不凡的气场。

喜欢读书的女人，勇于开拓。因为书本传授了她们勇往直前的勇气。人生的精彩在于每个人都会拥有自己的独角戏，而不是墨守成规的循规蹈矩。书本赋予了女人们可贵的勇气，让她们不断书写自己精美的页章。

书似一片绿洲，可以滋养心灵的沙漠；书似一把钥匙，可以开启心灵与智慧之门。古人云：熟读唐诗三百首，不会做诗也会吟。书中自有颜如玉，努力学习别人的优点，扬长避短，假以时日，你就会修炼成一个精品。读书如逆水行舟，不进则退，因此我们必须扬起内心的帆舟，勇于遨游于书的海洋，劲情地陶醉其中。年年岁岁都是女人读书的佳期，读书吧，沉下心来好好读一本书，让自己拥有一份永不过时的美丽。

用内涵装扮自己

在当今多元化的社会，人们的需求越来越多，仅仅美丽漂亮已经满足不了世人，人们往往提出更多的要求，内涵就是其中一个重要元素。设计师们对作品的创作不仅要讲究美感，更重要的是突出作品的内涵，才能让作品更饱满，更吸引大众的眼球。同样的，作为女人，我们身为自己的第一设计师，也要凸显自己的内涵，才能让自己的美貌不空洞、不乏味。美貌就像天边的浮云，总是在不经意间悄悄溜走，有了内涵的铺垫，才能成为美丽的风景。

自古以来，人们对美的评价是多元的，环肥燕瘦，每个人对容貌美的感觉都是不一样的。但人们对心灵美及内涵美的追求却是高度一致的。就像德国诗人歌德所说：外貌美只能取决一时，内心美方能经久不衰。在“中国最美丽女性”的评选中，于丹位居前列。这并不是因为她相貌出众，而在于她有广博的学识以及丰富的涵养。我们要培养自己的内在美，提高自己的涵养，用涵养来装扮自己，当最美丽的女性。

《简·爱》是夏绿蒂·勃朗特写于19世纪中叶的小说，自出版以来，世代流传，是一部口碑颇佳的女性文学作品，其中简·爱更是富有涵养的女性代表。简·爱从小父母双亡，生活困苦，在舅舅去世之后，被舅母送往孤儿院生活，并在古板严苛的孤儿院长大。简·爱没有过多的金钱装扮自己，却用书籍丰富了自己，成长为一名有涵养、有个性、令人欣赏的女性。虽然没有美丽的容颜，也没有时尚的打扮，但在合体的衣着下，拥有着一颗高贵而不屈的心。这样一位善良、内心丰富却又不卑不亢的女性，深深吸引着爱她的男人，最终收获了自己美好的爱情。在他人看来，这样一个女性，是那样的美丽动人，最美丽的女人不在于五官的极致，而是一颗美丽的心。

晓　说

简·爱的形象影响了一代又一代人，她那纤弱的身躯里竟然蕴藏着如此巨大的能量，她的细致入微，她的纯洁善良，她的果敢决绝。在普通的外表下，拥有如此高贵的内心，如此丰富的涵养，让她表现出伟大的生命力和强大的个人魅力，纵使时光流转，魅力也永不减退。除了知识的武装，简·爱最值得人们热爱的就是她有一颗金子般的心。她热诚，时刻关心他人，为他人考虑。在不想破坏罗切斯特的感情之后，黯然离开桑菲尔德庄园。在得知罗切斯特毁容并失去了妻子与庄园后，又毅然决然地回到他的身边。她在经历各种磨难中不断追求自由与尊严，坚持自我，最终获得幸福。如果没有一颗富有涵养的内心，又怎能守候到最后的幸福呢？

幸福秘方

内涵体现一个人的修养与素质，盲目地追求外在并不可取。就像美丽的花瓶一样，光鲜华丽的人，内心往往是空虚的。古希腊哲学家柏拉图曾说：应该学会把心灵的美看得比形体的美更可贵。美的心灵像甘露，不仅滋润了自身的涵养，也使周围的一切都沐浴着美的光辉。

若想拥有高贵的心灵和值得尊敬的涵养，首先要拥有一颗善良的心，时刻给予他人无微不至的关怀。就像雨果所言：善良的心就是太阳。即使在最忙碌的时候，也要记得问候亲朋好友。对于陌生的人，无论尊卑，均要设身处地地为对方着想。要用如坐春风的言行，来温暖他人，关怀他人。除此以外，还要时刻注意生活细节，控制自己的情绪，要做到己所不欲勿施于人。涵养是一种发自内心的自然流露，经过岁月的沉淀，自然可以表露出来。刻意地追求会使自己陷于“不自然”的局面，不仅表现得生硬，反而会疏远与别人的距离。

努力培养自己的内心，当内心丰富起来，富有修养之后，一切行为举止均会变得有神韵。有内涵的女人执著于自我风格的展现，无论生活、工作、社交都积极自信，追求完善；有涵养的女人热爱他人，更懂得珍惜自己，欣赏自己；有涵养的女人常抱感恩之心，珍惜人生每一个美好的画面。努力让自己做一个有内涵的女人吧，如同陈年佳酿一样，永远散发着迷人的幽香。

懂艺术的女人百媚生

不知大家发现一个现象没有，老一代的艺术家们，虽然年事已高，但一个个仍然精神健硕，神采飞扬，让人看上去别有一番韵味。或者偶然兴起的旁观公园里健身的阿姨们，会发现领舞的阿姨看上去特别年轻，特别有活力，特别有气质。而其他跳舞的阿姨，也一个个兴趣盎然，充满了魅力，这种魅力会不自觉的吸引着你，跟上前去一起扭动着腰肢，迈起欢快的步伐。刹那间，快乐充斥着周围，心都跟着飘扬起来。

相信不少人都看过赵丽蓉老师的小品《打工奇遇》，在诙谐幽默的氛围下，当赵丽蓉老师挥手写出"货、真、价、实"四个铿锵有力的毛笔字时，相信不少人都会被赵老师这一手震撼到。有多少女人可以挥笔写出如此漂亮的字体呢？能写得一手漂亮字，也算得精通一门艺术，懂艺术的女人，不由得让人刮目相看。

女人，如果生得不漂亮，又不那么温柔，就努力培养自己掌握一门艺术吧。专注的女人是美丽的，有爱好的女人是充实的。抽出·点时间，学习一门艺术，让自己的灵感源泉永不枯竭，让艺术之美熏染自己，陶冶自己，让自己散发高雅的气质。著名的艺术家达·芬奇曾说："掌握无论哪一种知识对智力都是有用的。它会把无用的东西抛开而把好的东西保留住。"若想让自己在充满智慧的路上一直前行，那么请赶紧学习一项自己喜欢的艺术吧。

语涵出生在一个幸福的家庭，从小深得爸爸妈妈宠爱，但由于条件的限制，爸爸妈妈并未对她进行任何艺术的培养。她没有像同龄的小伙伴一样，自小学习钢琴又或是跳舞，只是无忧无虑地慢慢长成了大人。成年以后，她发现不少女性朋友都有艺术细胞，不管自小练习跳舞的还是乐器的，身上携带着浓浓的让人欣赏的气质，让人觉得充满了魅力。她很苦恼于自己没有任何特长，过于平淡的她慢慢产生了自卑的情绪。不管是和朋友出去K歌还是郊游，缺少自信的她总是放不开自己，在朋友圈里变为内向腼腆的"丑小鸭"。

晓　说

艺术的培养，很大程度上，建立了人们的信心。从小学习艺术的人，不管艺术品位的高低或是技术掌握的好坏，大多收获了一颗自信的心。也许，就是因为这样一门艺术，她们认为自己比别人能更好地展现自己，以至于无论交谈或是表演，都是一副信心满满的样子。那份发自内心的自信所带来的坚毅表情，很大程度提升了个人气质。

当然，没有机会获得这种艺术积累的女生，也完全不用自卑，不用气馁。任何事物都是一个积累的过程。当发现自己缺少艺术细胞时，努力去培养一个便是。舞蹈是艺术，音乐是艺术，美术是艺术，书法也是艺术。大可找一个自己真心喜欢的，每日勤加练习，由内心的欢喜而培养的艺术气质，远比家长逼迫培养的艺术气质要浓厚，且更深入人心。假以时日，你会发现，你的特有才艺会令所有人大开眼界，而你也会变乐观而自信。

艺术可以赋予女人一种灵动超然的气质，在这种气质的衬托下，女人也会显得精致透彻。女人作为最有灵性的那朵玫瑰，应该拥有艺术化的。莎士比亚曾经说过：玫瑰是美的，但更美的是它包含的香味。艺术就好比玫瑰那浓郁的香味，让人心旷神怡。女人的生活应该是艺术的，充满惊喜的生活，音乐、绘画、摄影或茶艺都能使你在喧嚣中将一切都归于淡然。

一切形式的美均是艺术，无论是探访色彩斑斓的大自然，还是考究简单整洁的家居布景，都可以完善心灵。只要用心去发现，都会找到生活中点点滴滴的艺术。无论何时何地，首先要拥有一颗发现美、寻找美的心灵，艺术灵感才会时不时地跳跃于眼前。而时常捕捉这些艺术灵感，你会发现，自己体内的艺术细胞越来越丰富，艺术气息也越来越浓厚。

喜欢音乐的女生，可以在悠闲假日的午后，沏一壶芬芳的玫瑰香茶，闭上眼睛，慢慢走入音乐的世界。沉醉于音乐世界的你，可以假想自己漫步于海边，抑或是游走于山川，可以在脑海中重现昔日的美景。喜欢美术的女生，可以在清晨鸟儿的啼声中，兜走于各类艺术馆，去感受书画的灵动。线条是丰满的，色彩是灵动的，光影是丰富的，充分利用自己的感官，去欣赏，去享受。而有的女生可以拿起照相机，游走于景色之间，去体会一年四季之美景；或者，在安静的黄昏，静静地泡上一壶好茶，用茶参透内心。

艺术的魅力就在于它形式多彩，因人而异，它可以与独特的你完美地结合。就好比女人最好的闺蜜，你可以和她用心交流，而她也会反馈给你她的气息。沉醉于艺术的女人，在他人眼里，拥有极其神秘又摄人心魄的“媚”力。而女人所带的那一点点媚，更是将女人味发挥到了极致。

语言的魅力

毫不夸张地说，语言在某种程度上聚集了一个人的魅力之精华。在普通人眼里，语言只不过是说话而已。但在智者看来，朴实无华的语言可以让人感受到你的真诚；聪明智慧的语言可以让人感受到你敏捷的思维；明智豁达的语言可以让人感受到你出众的才华。寥寥数语，别人即可大致推断你是怎样一个人。语言体现着一个人的性格与品质，更多时候，代表着一个人的智慧。想要自己美丽又聪慧，那就必不可少地狠下工夫研习语言的魅力。

也许上天会赐予女人美丽的外貌，但不一定让你拥有巧舌如簧的口才。学习说话的艺术，是女人一生不可或缺的必修课，因为只有会说话的女人，才会获得幸福。会说话的女人，总是适时适度地表达她们的真诚与赞美；会说话的女人，总是能够贴切恰当地给予他人安慰与鼓舞；会说话的女人总能幽默诙谐地缓和气氛。人们喜爱会说话的女人，与她们交流，内心愉悦，增长见识，最重要的是，会说话的女人可以很好地照顾彼此的心灵。

口才训练大师卡耐基曾经说过：一个人的成功，约有15%取决于知识和技能，85%取决于沟通——发表自己意见的能力和激发他人热忱的能力。当你变为一个会说话的人时，不仅平添了个人魅力，往往还会事半功倍。同样的事、同样的话，颠倒一下次序，调整一下语气，都会有不同的效果。有时候，说者无意听者有意，就像落花有意，流水无情，最终的结果就是因为你的言语受到伤害，因此，谈话时，一定要注意说话的技巧。

鹏飞和琳琳是结婚数年的夫妻，由于在一起生活久了，慢慢地忽视了和另一半的说话方式，很多时候在不经大脑的情况下，伤人的话脱口而出，感情也越来越淡漠。每到周末，当琳琳看着杂乱不整的家时，心情都很糟糕，她都会强硬地命令老公去做家务。老公一听老婆跟发号施令像母夜叉似的，不由得心里抵触，不仅没有行动，反而言语激烈地反抗。老婆不由得认为老公只想讨懒，不想为家庭付出，不由得怒火中烧，只为了收拾家务，也可以引发一场家庭大战。

晓 说

婚姻生活的平淡极易导致婚姻进入疲劳期，而不经思索的话语更成为伤人的致命武器。俗语说，恶语伤人六月寒。经常恶语相向的夫妻，婚姻也有如寒凛的冬季，让人感受不到任何温暖。此故事中，如果琳琳想让老公做家务，大可改变语气态度，也许就会有不一样的效果。她完全可以和老公说："亲爱的，咱们俩一起做家务吧。"女人应该动用自己的智慧，将索然无趣的事变为生活的乐趣。男人通常在权威受到挑战或是没有被给予足够尊重时，变得极为逆反。有话好好说，任何一个人都可以接受。女人要学会如何说出智慧的话语，来达到自己的目的。

有一位国王，有一次梦到自己的牙齿全部掉光了。于是他召来一个大臣为他解梦。这个耿直的大臣愁眉苦脸地对国王说："陛下，我不得不向您直说，这是个不吉祥的梦：每掉一颗牙齿，就意味着您将失去一位亲人。"国王听后勃然大怒："你这个胆大狂妄之徒，竟敢信口开河胡说八道，给我滚出去！"

国王不甘心，又下令请另一位大臣给他解梦。这位大臣认真听完国王的介绍，一脸喜气对国王说："高贵的陛下，您真有福气呀！这是个吉祥的梦，这意味着您会比所有的亲人都长寿。"国王听后大喜，赏给这位大臣一百个金币。

晓　说

其实，两位大臣对梦的解析，本质上都是一样的。但两位大臣所遭遇的结果，为什么大相径庭呢？究其原因，无非是两位大臣的出发点和说话的智慧是不一样的。一个说国王将失去一个又一个亲人，一个说国王将比任何人都长寿。从国王的角度来看，心理感受是大不一样的，因此一位大臣遭受了惩罚，一位则获得了奖赏。

幸福秘方

语言能传递心灵的信息，富有情感的语言往往暖人心脾。古希腊哲学家奇伦有一句名言：愚蠢总是在舌头跑得比头脑还快时产生的。因此，在说任何话之前，不妨先在心里思量一下，如何表述才能达到自己的期望，才能让人甘之如饴。正确的使用智慧的语言，就会增加魅力，就会改变命运。语言的魅力，在于生活中一个个微小的细节都能体现出来！

品味决定人生魅力

女人从20岁开始，就要学着用心经营自己，不仅是容貌上，更应该是内涵和品味的修养。每一个女孩都是特别的，都应该培养自己特有的品味。可能很多女孩会认为，高雅的品味是由时尚和奢侈品衬托出来的。实则不然，品味是一个人观察事物的眼光以及角度，物品的价值高低与品味的优劣并无关联。同样的物品，在不同的眼中，各有其价值。因此，女孩要培养自己独特的审美观，用自己的眼光去欣赏某件物品。

品味一语概括之即是对美的认识与追求。文学大师林语堂先生的字典里，品味的意语的是 taste、flavor 及 tasty，扩充来说，品味就是指品尝味道，欣赏格调。品位是女人内在涵养的外在体现，其内在素养越高，她就拥有越高的品味。作为女人，她的品味所在的层次，直接影响了她的生活质量以及个人魅力。品味对于女人，好比商誉对于企业，商誉越好的企业，引领众人之追随，而品味越高的女人，越能吸引他人的目光。

有品位的女人，无时无刻地散发着高雅脱俗的魅力。有品位的女人，须有明志淡泊的心境，还要具备良好的品行以及高尚的情操。品味不是空中楼阁，也不是天边的浮云，一个内心空洞、品行不端的人，是没有任何品味可言的。如果一个人没有发现美的能力，没有美好的领悟力，没有良好的谈吐以及涵养，是根本不配谈品位的。若说品味，也只可能是庸俗的低级趣味。

朋友玲是一个外向开朗的时尚先锋，可她的朋友却少之又少，令她十分不解。和朋友们在一起的时候，她总是乐于发表对时尚的看法，而她对于时尚的理解，主要建立在时尚品牌和奢侈品的基础上，她可以眉飞色舞的阐述一个又一个经典作品，也时常向朋友们推荐。不仅如此，她自己也是非名牌不用，一身行头非富即奢。她非常肯定自己的品味，但又感觉朋友大多并不赞同，久而久之，与朋友的圈子越来越远。而朋友眼中的她，更像是装饰精美的圣诞树，一身的美丽全在衣装，过于华丽绚烂的装饰反而与本人的气质并不吻合，加上夸夸其谈的口吻，让朋友倍感不耐烦，慢慢地与她疏远。

晓　说

钱多，却未必会有品味，品味是在不断接受教育和熏陶的过程中慢慢养成的，不是可以掩饰并且假装得出来的，花再多的钱也未必能买来品味。玲因其庸俗的品味，导致朋友圈越来越小，也许她会拥有另一些和她一样肤浅品位的朋友，若果真如此，玲将很难培养出真正的品味。玲的装扮怎么看都让人觉得有生拉硬套之感觉，在华丽精美的衣装的修饰下，如果气质不匹配，仍体现不出一个人应有的品味，只会让人倍感突兀。她应该多听听朋友的建议，不盲目奢求时尚与品牌，以自身的实际素养去发现美，去寻找适合自己的美。

幸福秘方

要培养高雅的品味，最好的办法是多与有品味的人交流，多从书本中获得灵感，多进行艺术的熏陶。仅靠追寻时尚是很片面的，如果没有一颗高雅的心，再怎么追逐时尚，也是徒劳无益的。真正有品味的人，是高尚淡泊的，是温和有礼的。人与人之间的学习是最有效的，与有品味的人交谈，才能点拨智慧，开启心灵之美。多读书，可使人外表谦和，心有锐气。与艺术结缘，能提升你对美的感觉，接受美的熏陶。随着一点一滴的学习，品味逐渐提升。

所谓“久居兰室，不闻其香”，就是因为身体四肢都沾满兰花香气，久而久之，便与环境合二为一了。品味也是一样的道理，经过长期的培养，人的这种独特气质即使她自己还没有意识到，但从她的一颦一笑中、言谈举止中，如山涧清泉般轻轻缓缓流溢出来，渐渐被人们感知并欣赏。如果身边有这么一个人，总能让你感到她性格的魅力、独特的气质，并能给你很多人生的启迪和思考，我们可以说：这个人是有品味的。做一个品味的人，无论岁月如何变迁，身上都会散发着永恒的魅力，人生也会幸福美满。

品行，女人的试金石

谈论女人的话题很多，我们可以欣赏一个女人，因为她的善良、聪慧，因为她的卑恭谦和，因为她所表现的极好的涵养，而所有这些，无不是建立在良好品行的基础上。良好的品行，就像是人生的基石，稳固了根基，才能发掘出更多的光芒。

大作家罗曼·罗兰曾经说过："99%的努力和1%的灵感，对于成功都是不够的，你还必须有200%的道德品质作保证"。长期以来，个人品行被过多地社会化，仿佛只有在公众的场合，品行才能显出它的好与坏，而对个体的自我无妨。其实，品行不仅是对外部他人的影响力，更是对个人生活的影响。一个女人的命运如何，做事的成功与否，生活是否美满，都在个人的品行之中。

然而一个女人应具备好的品行都有哪些呢？

◇ 善良

古往今来，无论何种性格脾气的女人，最令人感动的就是拥有一颗善良的心。心地纯洁、仁爱无私的女性总是获得更多青睐的。中国的传统文化历来追求与人为善，乐善好施。善良是人类的美德，善良是发自内心的朴实，像淙淙清澈的溪泉，纯净而透彻。

《格林童话》中有这样一个故事，讲述的是一个小男孩穷得只剩下自己身上的衣服、头上的帽子和脚上的鞋子以及拿在手里的半个先令。当他在夜里赶路时，遇上了一个赤脚的光头小男孩，就把自己脚上的鞋子和头上的帽子送给了他；遇上一位寒冷的老人就把自己的衬衣和长裤给他。当他光着身子走在树林里的时候，天上的星星变成银元落在他的身旁。虽然这只是一个童话故事，但是它却告诉我们，善待他人，就是善待自己，播种善良就会收获幸福。

◇ 宽容

海纳百川，有容乃大，拥有一颗宽容的心是一个女人的至高境界。宽容不是软弱，不是纵容，而是一种换位思考并给予理解的豁达。宽容是一种大度，是一种智慧，是一种极高的行为修养。真正的宽容，应是能容人之短，亦能容人之长的。宽容的过程也是互补的过程，以己之长补他人之短，或吸取他人之精华，让自己受益匪浅。

恋爱婚姻中的女人，更要修炼一颗宽容之心。刘墉曾经说过："身陷红尘，爱情锦裳难免会沾染尘埃，这需要精心掸洗，偶尔刮破了洞，更需要一颗宽容的心灵，充满爱意地去细致地缝补。那样，总是岁月沧桑，相信执手的你我总会永远弥足珍贵的华衣……"宽容的女人是智慧的、大气的，是时刻展现性格魅力的。拥有宽容之心，才能更好地排解自己。婚姻的道路充满荆棘，任何一个完美的婚姻，都会有千百次离婚的念头，而宽容就是那颗抚慰婚姻，携手向前的灵丹妙药。

◇ 礼貌

有礼貌的女人具有一种谦和之美，她们带给人们宁静和宽慰的感受。如果说可爱的女人是美丽的，有气质的女人是高雅的，那么有礼貌的女人就是可爱与气质并存的人。有礼貌，并不是虚假的表面工夫，而是发自内心地尊重他人。

工作中，有礼貌的女人更容易获得领导的青睐以及同事的信赖。拥有良好的礼仪礼貌，能够帮你打开获得良好人际关系的第一步。而人际交往，礼貌相待，彼此才有好感，共事才会愉快。生活中，有礼貌的女人更容易俘获人心，她们明事理，知分寸，她们知道如何处理家庭矛盾，化解危机，她们可以很容易地消化生活中的各种烦恼。而在社交场合中，懂礼貌的女人像带了璀璨生辉的光环，交际面更宽广，受欢迎程度更高。

礼貌就像一个人的名片，说话有礼貌的人总是受人欢迎。无论女人扮演着何种角色，充当什么样的身份，礼貌就像是与人共处的金钥匙，持此钥匙，便可打开人际互动之心门。中国自古有云：知礼而后知轻重。因此，在为人处事、接人待物上，均要彬彬有礼。

善良是仁爱的灵魂，宽容是和煦的阳光，而知书达理则可开启美妙的人生。拥有良好品行的女人，才能陶冶情操，纯净灵魂，宽阔心胸。具备了良好的品行，女人才能如金子般高贵闪光。

知性锻造优雅女人

知性女人的头脑是聪慧的，举止是优雅的，于万人之中，吐艳着灼灼其华，令人赏心悦目。在知性女人的身上，你可以赞美她精致的容颜，领悟她智慧的话语，感受她的落落大方，欣赏她的积极自信。知性女人的魅力有如耀眼的光芒，照射到每一个人的心中。

知性女人感性却不狂野，沉稳却不失心智，诙谐却不肤浅，典雅却不孤傲。知性美的人拥有丰厚的知识底蕴，并对其思想、观念、性格、喜好等方面产生了深厚的影响，因此形成了某种具有文化气息的气质和风格，并在一言一行中表现出来，使接触到的人都能感受到其深厚的文化背景，从而透出源源不断的魅力。

当你走进一个知性美女时，你会嗅到有如牡丹般矜贵的芬芳，她们是携着那一抹芳香点亮红尘滚滚的精致女人们。有别于年轻靓丽的女孩，知性美专属于成熟的女性，经历多了，便赚取了人生的财富。

掌握了这些财富，女人的心变安定下来，少了些许茫然和躁动，无意间流露出一种岁月历练后的智慧与美丽。

知性女人温润如玉，绚丽如花，不仅征服男人，也能征服女人，更有感知的影响力。知性除了体现着一个女人所受的教育之外，还应是女人特有的一种智慧。成就知性美女的主要因素都有哪些呢？

◇ 独立

无论作为单身美女，还是处于热恋或是婚姻生活中的女人，独立的能力绝对是女人增值的最大法宝。男人们通常都很欣赏具有独立能力的女人，他们渴望着自己的女人能与自己同进退，心有灵犀彼此交流的红颜知己。独立的女人不卑不亢，没有轻佻女人的奴颜媚骨，也并无市井妇人的尖酸泼辣，她们拥有的是平淡如菊的心境。男人何尝不爱如此可贵的女人，独立的你就像他们心中的朱砂痣，牢牢地点亮了他们的心。

◇ 思考

如果说男人大多是理性的，那么女人绝对是感性的尤物。通常来说，女人做决定很少经过逻辑的判断，仅凭自己的感觉就作出了决定。不得不说，虽然有时女人的感觉很准，但也带有盲从的意味。不经过思考的决定，往往有失偏颇。而会思考的女人，每做一件事，都可以捋出头绪，干净利索地将事情搞定。她们不仅会考虑自己的感受，还会考虑他人的感觉，将事情做到面面俱到。她们对待事物多了一些理智，少了一丝鲁莽，她们不会轻易地让自己陷入爱情，不会为了对方做出很傻的事情。会思考的女人才懂得疼惜自己，值得他人爱戴。

◇ 健康

知性的女人，不仅会努力锻炼，让自己拥有健康的体魄，更会修炼一颗健康的心态。有了健康的心态，才能正确地处理事情，才能不以物喜，不以己悲。知性女人会健康积极地热爱生活，感悟生活。她会将生命中的波涛惊澜汇入心中的长河，无论是激扬的，还是平缓的，都将化为平淡。当悠悠岁月驶过心中的长河，只做一缕清风般偶然回首，惬意地任它荡起丝丝涟漪。拥有了健康的心态，就斩获了不老的情怀。眼看寒来暑往，斗转星移，她都能宠辱不惊，淡定恬然地迎接每一轮新的挑战，去释放最美的自己。

◇ 自信

上天并未赐予每个女人如花的容貌，很多人只是普普通通，并不能给人留以深刻的印象。但是，如果拥有自信，那么你马上可以变得与众不同。就像奥运冠军邓亚萍，她没有精致的五官，也没有性感的身材，但是谁都不会否认她是一个美丽的女人，因为她是一个自信的女人。在运动生涯期间，凭借着自信，勇得一个又一个冠军。而在退役之后，努力学习，不仅获得外国高等学府的学历，还就任共青团北京市委副书记，这就是自信的力量，是一种能够征服世界的力量。

国际著名形象设计师吉米现场大谈女人魅力精髓所在。他强调女人一定要自信，自信而身心灵健康的女人，才是最有魅力的女人。自信的女人懂得什么时候应该宽容，自信的女人懂得用爱牵绊男人的心，自信的女人懂得如何发挥自己的魅力。其实那些善良、独立、孝顺、乐观、优雅、贤惠、温柔与聪明的种种优点都会在自信女人身上看到，因此女人需要活得更自信一些，人生才会更精彩一些。

中国自古有云：性者，乃神之基也。知者，格物之意也。知性者，知万物并作而唯神自立也。知性美，是女人的一种境界，女人身上的知性带给她们一种相对平静但余味更为久远的魅力。

女人提升魅力的十本书

序号	书名	作者	推荐理由
1	《简·爱》	夏洛蒂·勃朗特	修炼一颗高贵的心
2	《生命中不能承受之轻》	米兰·昆德拉	用哲学来思考
3	《飘》	玛格丽特·米切尔	练就美丽与坚强
4	《人与永恒》	周国平	女性的智慧明灯
5	《倾城绝恋》	张爱玲	品味爱情
6	《一个女人的成长》	薇薇夫人	点悟生活
7	《卡耐基写给女人全集》	卡耐基	提升情商与财商
8	《世界美术名作二十讲》	傅雷	提升品位与修养
9	《围城》	钱钟书	婚姻的镜子
10	《杜拉拉升职记》	李可	拼搏事业

魅力女神

之

自我修炼篇

那一抹蓝色的鸢尾，闪动有如花之精灵，空灵缥渺，不落尘俗。

花之物语——那一抹蓝色的鸢尾花

鸢尾是天上的流光溢彩，鸢尾之名来源于希腊，意思为彩虹。据说彩虹有的颜色，鸢尾都有。而蓝色的鸢尾就是上天赐予的精灵，带着彩虹的绚烂和流星的溢彩。那一簇一簇的鸢尾丛，在浓绿的叶子中轻轻伸展，蓝色的花瓣在风中飞旋，摇曳在静谧的环境中。那一抹抹灵光跳动的蓝，在太阳的照耀下，璀璨迷人，如同一颗颗闪亮的繁星，在人们的心里荡起一波波的涟漪。

那一抹蓝色的鸢尾，不是樱红，不是明黄，鸢尾命中注定属于这蓝色，一种冷色调中最能扣人心扉的色彩，纯净而嘹亮，蓝过任何一块天壁，却又不时透出一种苍凉的意味，仿佛蒙娜丽莎嘴角的笑意，带着捉摸不定的神秘表情，让人执著地为它折服，为它痴醉。没有棱角，没有圆滑，鸢尾选择了特立独行的饱满之美，熙熙攘攘的花瓣排列无序，却纵情地盛开着。无法描述它的高贵与优雅，因为它是如此的炫美动人。

蓝色的鸢尾花是如此美丽、精致，似安妮笔下妖媚的蓝色鸢尾花，在寂寞的夜里绚烂盛开。那纯粹的蓝，似梵·高画笔下的鸢尾花，蓝得如此安静而优美，华丽而深邃。女人可以尽情地沉浸在这蓝色的鸢尾花中，用它纯净而深远的蓝来装饰内心的灵魂；在这柔美的、淡淡的蓝中释放自己的心情；让繁复纷杂的生活在这忧郁、温馨的蓝中变得单纯而简单；在这淡泊、平和的蓝中，让自己心如止水。

天使的笑容

女人们，你们的笑容如天使般纯粹透彻，你们的笑容是世间最美丽的妆容。古希腊哲学家苏格拉底曾说："除了阳光、空气、水和微笑，我们还需要什么呢？"很显然，在苏格拉底大师的眼中，微笑有如阳光、空气和水一样，不可或缺。微笑有如沁人心脾的蜜糖，让人甘之如饴；微笑有如富有魔力的魔法棒，挥去内心的疲劳；微笑有如希望的种子，在沮丧的心中播种绿洲；微笑有如太阳的温暖，照耀悲伤的心灵。

俗语说"回眸一笑百媚生"，合身的装束，配上会心的笑容，女人的魅力便浮现出来。这一笑，会让疲累中的如狮子般奋斗的男人顿感轻松；这一笑，可以化解很多大大小小的矛盾；这一笑，会无形之中拉近人与人之间的距离。仔细观察一下身边的女生，但凡惹人喜爱的女孩子，大都带有一副天生亲和的笑模样，也许还会经常听见她们铜铃般清脆的笑声。她们对世界笑得甜蜜蜜，世界自然会还她一段甜蜜蜜的人生际遇。

心理学家们曾经做过这样一个试验：要求一名年轻漂亮的女研究

员板着面孔去和不同的陌生男性问路或问时间。结果，观察人员发现，被她询问的男性中，有43%的人显得很紧张，有17%的人比较冷淡，还有另外50%的人连多看她一眼的意思都没有。接下来，专家们要求这位女研究员出席一个派对，让她在接受陌生男人邀请时也板着脸。很快，女研究员就感觉到不自在，因为在3个男人邀请她之后，就再没有人瞧上她一眼，尽管她是那个派对上最美丽的女子之一。

心理学家们最终的结论是：笑是女子最主要的沟通手段和防御手段，而与陌生人的主动笑意，更是女子保护自身的策略。外国专家称：平均统计来看，社交网络中一个快乐的人让其他人变得快乐的可能性是9%，而且这种快乐可以持续一年。研究人员发现，当一个人变得快乐时，他的朋友变得快乐的可能性是25%，朋友的朋友变得快乐的可能性是10%，而“朋友的朋友的朋友”变得快乐的可能性是5.6%。这意味着一个陌生人良好的情绪比5 000美元更能让一个人高兴，而5 000美元只能增加一个人2%的幸福感。

曾经因为工作的关系，经常游走于各个城市出差。印象颇深的有一次和同事去内蒙出差，住在呼和浩特一家标榜服务亲民的宾馆。结果，那家宾馆的硬条件不到位不说，最差的就是服务员个个都冷若冰霜，给人一副拒人千里的感觉。每个服务员都颇为严肃认真，说话声音生硬冷倔，让人实在感到不舒服。住在那里的客人都说，下次再来这里，绝对不能住在这个宾馆了。由此可见，微笑是多么的重要。如果不擅用微笑服务，也可能会毁掉一桩桩的生意，甚而影响旅游业的发展或是招商引资。

晓　说

女人，不管在任何场合，都要会笑，学习笑，用心去笑。在陌生人面前，你的笑容是你的最佳形象，提升你的内在气质；在朋友面前，你的会心一笑或是开怀大笑，让你拥有更广泛的朋友圈子，让你和朋友拥有更多的快乐；在另一半面前，你的笑容就是他们努力拼搏、为家奋斗的动力；而在工作中，你的微笑可以让你更从容地完成工作，提升信心，带来更佳的业绩。

在此故事中，宾馆的服务员作为服务行业的一员，更要用微笑来工作，应该让每位顾客感受到春天般的温暖，感觉就像在自己的家中一样。西方有句谚语：只用微笑说话的人，才能担当重任。有时，并不需要太多的言语，一个动人的微笑，就可以起到事半功倍的作用。

幸福秘方

女人，应该会笑，笑得甜，更要笑得开心。不管在何时，拥有天使般笑容的女人，总能得到男人更多的宠爱。你可以没有太多金钱，没有魔鬼般的身材，但是一定要有甜美的笑容，让他记得你的笑容。只要笑得真诚，笑的心无杂质。你就会变得美丽，变得可爱，成为一个真正会生活的女人。

一个会笑的女人，必定是一个宽容且心态平和的女人，一定会控制好自己的情绪。不管生活给予的是什么，是快乐还是痛苦，都微笑着去接受。女人，要从少年笑到青年，从中年笑到老年。一生都充满了笑容，你就会变得美丽，变得年轻。笑，是生活的润滑剂，更是生活的美容良方。女人，请让自己的一生都拥有纯粹而又甜蜜的笑容。

提升自己的地位

随着时代的进步发展，女性的地位也发生了深刻的变化。仅仅一个世纪以前，中国的女人们还缠裹着小脚，过着三从四德的生活。也许，现在年轻的女性并不知道三从四德是什么,在封建思想的引导下,女人应过着未嫁从父,嫁人从夫,夫死从子的生活。在这种大环境下,女人的一生完全体现了男权社会的性质,任何事情都只能由男人来决定。

近现代以来,女人的社会地位有着显著的提高。自从女人可以拥有选举权,女性在社会中的地位日渐高涨。女孩可以读书,女人可以工作,而在男性的政治世界里,女性也争得了一席之地,比如德国女总理默克尔、美国国务卿赖斯以及希拉里·克林顿等。她们以精明的头脑、干练的作风抒写着女性一个又一个光辉历程。在中国,据调查称,超七成女性参加工作,越来越多的女性,开始独立的生活。法国科学家巴斯德曾经说过:立志、工作、成功,是人类活动的三大要素。女人也应像男人一样,努力地奋斗于自身的事业。

然而,我们发现,尽管越来越多的女人投身于事业,努力提高着自己在家庭社会中的地位,但是在当今社会中,女人的压力越来越大。女人不仅要沿袭传统的生活,在家相夫教子,在外还要像男人一样去拼搏。而越来越多的小三、二奶、老公出轨等恼人事情,不断地侵扰女人本就不平静的生活。虽然多年来我们一直在打着"男女平等"的口号,可是女人依旧处在劣势位置,依旧是男尊女卑。

因此,无论在家庭中、社会中,女人应积极对抗各种不公平的待遇,努力提高自己的地位。若要提高自身的地位,两个关键因素必须做到。

◇ 经济地位

马克思曾在《资本论》中说道:经济基础决定上层建筑。女人必须拥有自己的经济地位,不做依附于男人的傀儡。不少女人在家里没有地位,主要就是因为没有掌握经济大权。这里的经济大权并不仅指做家里的财政大臣,把握着家里的经济。如果只是在家管钱,而主要收入都是通过老公挣的,那就很容易让老公变得自大。很多男人会因为自己能挣钱而觉得自己有能力同时搞定屋里屋外的女人们。如果有一天因为某事和老公吵翻了,老公毫不客气地让你卷铺盖走人的时候，你会发现自己连活下去的能力都没有，而尊严更如粪土一样，被他人践踏至泥土里。

还有一些女人，虽然朝九晚五的上班，但是只是将工作当作消遣，并未投入精力在自己的事业上。当然，也许因为家庭琐事的牵绊，让女人不能像男人一样全力以赴地拼搏，但是女人应该尽可能地在有限的空间里做到最好，一丝不苟地对待自己的工作。职场上，不少女人可以通过自己的努力升职加薪，而这样的女人，不仅让男人刮目相看，往往也能将家庭事务处理得游刃有余。

因此，要想活得有尊严，必须有能力养活自己。通过自己勤劳的双手，为社会创造价值，获得应得的地位与金钱。而努力工作的女人是智慧的、优美的，能让男人欣赏的。不仅加强了自身的地位，还促进了家庭的和睦。努力工作的女人，是任何男人都不敢小觑的。

◇ 懂得感恩

尼采曾说：感恩即是灵魂上的健康。作为一个女人，要学会感恩，而不是把所有的事情都当做理所当然。当你把生活中所有的事务都当做理所当然的时候，难免会让对方感到厌倦。恋爱时，总有花前月下的浪漫，而步入婚姻之后，激情渐渐退去，随之而起的抱怨，只会让围城生活充满灰色，火药味越来越浓，从而形成恶性循环。学会感恩，用爱精心培育，即使最平凡的日子，也会被孕育出一片生机。懂得感恩的女人，才会理解对方，用宽容的心态对待每一件事情。她们会站在他人的角度，替对方思考。试想一个女人，她所做的事情都合体又贴心，让他的男人得体而有尊严，自然她在家庭中的地位会稳如磐石。

幸福秘方

提升自己的地位，让自己变得更加幸福，是所有女性应该自觉努力的事情，也是我们自己应该争取的权利。人世间最傻的事情莫过于把自己的幸福建立在别人身上。我们不应该把全部希望都寄托在男人身上，更不能期望仅靠一个男人就给我们带来幸福、安全感或者物质享受。只有自己去创造了价值，才能够在任何时候都理直气壮，敢爱敢恨。

由内而外地爱自己

日子总是在平淡与忙碌中重复着。婚前的女孩总想努力工作，报答父母，把所有的积蓄交予家里。事业的顺利与否，感情的起伏跌宕，所有的快乐与不快乐都与家人分享。只要父母反对与谁交往，十有八九就会缴械投降，女孩的心里满满都是家人。婚后的女人，把心思都放在了老公身上，每天早上精心为他准备早餐，为他打扮自己，按他的喜好改变自己。如果有了孩子，女人则会将更多的心思分给可爱的孩子，日复一日地操劳孩子的事务。婚后的女人，整个一颗心都是为家庭而生，而对自己的重视早已飘忽到遥远的天边。

不曾留意四季的芬芳多姿，不曾停下脚步细细品味生活，也不曾用心感受岁月留下的痕迹，久而久之，女人终在自己的感情中、自己的生活中迷失了自己。而这个时候，才开始明白，女人首先要学会爱自己。女人并不是为了父母、老公、孩子而活，而是为自己而活。女人应该学会爱自己，有自己的兴趣爱好，有自己的理想个性，拥有属于自己的快乐！

著名作家梁晓声曾经说过：他来世想做女人，但他会做一个平常的女人，一个没有花容月貌的女人，活得非常理智，决不用全部的心思去爱任何一个男人。他还说，用 1/3 的心思去爱一个男人，就不算负情于男人了；用另外 1/3 的心思，去爱世界和生活本身；再用那剩下的 1/3 心思来爱自己。在现实生活中，又有几个女人肯用 1/3 的心思爱过自己？而又有几个女人只用 1/3 的心思去爱男人？女孩一旦嫁给了男人，就会一门心思地去爱自己的男人，甚至男人的家人，有时甚至不惜伤害自己和自己的家人来爱那个自己以为很爱很爱的男人。就算男人敷衍自己、搪塞自己，女人仍然一味地付出，不求回报。在所谓的爱情面前，女人很轻易地迷失了自己，越是爱对方，很有可能获得的爱就越少。

佳佳和天浩是谈了七年的情侣，从一进大学校门，就开始了甜蜜的恋情。在大学毕业时，有别于其他劳燕分飞的组合，佳佳和天浩一直甜蜜地在一起，惹得他人无比羡慕。在毕业后一起生活了3年之后，天浩提出了分手。别人问天浩原因，天浩只得说：他不想要一个只会洗衣做饭的女人，他更喜欢有情趣的女人。毕业这些年，自己想要什么，佳佳从来都不懂得，也不了解，更无法帮他分担。人人艳羡的绝佳情侣，大家本以为他们会走上结婚之路，但谁也没想到，在经历了那么多事情以后，仍然免不了分手为结局。

晓　说

当女人盘起长发，不管有没有步入围城，当你要和一个男人一起生活的时候，就要开始学着为自己着想。当风花雪月的浪漫逐渐被柴米油盐所代替，当女人心力憔悴地去为男人付出，为家庭付出，日复一日，年复一年，也许辛勤的播种并不会带来阳光般的收获。当佳佳为了天浩，为了家庭，忘记了自己，忽略了精心装扮自己，忽略了灌溉自己的心灵，当她把自己培养为一个标准的保姆时，幸福的笑容早已离她远去了，阳光般的生活也只剩下阴霾。当然，佳佳这样的女人并不是不好，她需要明白的是：当你爱一个人胜于爱自己时，对方也会因为你看轻自己而看轻你，这时的你，已全盘皆输。

幸福秘方

由内而外爱自己的人会懂得，快乐的秘密不在于获得多少，而是珍惜所拥有的一切。女人可以没有人爱，但自己一定要爱惜自己。

如果一个女人连自己都不爱，那么就请不要奢求会有别人来爱你。

对于女人来说，为家庭付出太多，于己于人并没有太多好处。对自己来说，让自己太辛苦，身心俱疲，不仅吞噬了原有的魅力，还只会让自己变成人老珠黄的黄脸婆；而对对方来说，也可能会束缚对方太紧，而导致感情危机。因此，对于他人的付出，我们要掌握一个度，给自己和对方都留有一定的空间。永远不要无休止地围着你喜欢的那个男人转，尽管你喜欢他喜欢得快要掏心掏肺地死掉了，也还是要学着给他空间，否则，你要小心缠得太紧勒死了他。

少爱对方一点，多爱自己一点，腾出一些空间，我们的身心会更加自由，也更有时间去充盈自己。爱自己的女人是快乐的、愉悦的，由内而外散发魅力的。懂得呵护自己的女人，拥有更多的自信和从容，可以灿烂地面对生活。多爱自己一点，我们才不会沉迷依附性的伴侣关系，才不会让对方看轻，才能获得尊重，才能获得长久的两性关系。青春的容颜易逝，但只要我们用心的呵护自己，爱惜自己，人生的风景便如四季花开，绚烂多彩。

心灵的沟通

沟通，代表人与人之间的相互理解和信任；而心灵的沟通，表明用真心和真诚筑起心与心之间的桥梁。用心灵沟通，是沟通的基石和最高境界，只有用心、用真诚去传情达意，才能使彼此的交流更为顺畅、更为精彩。

◇ 与自己的心灵沟通

也许很多女孩会有这样的疑问："我很清楚自己是个什么样的人，为何还要与自己的内心沟通呢？"其实，当我们认真地问自己的时候，就会发现很多问题，而这些问题我们从没思考过，从没觉察过。

我们只是习惯性地按着我们的思维去做一件事，有时候很容易忽略了自己内心的感受。而有的时候，我们因为一直生活在熟悉的环境中，纵然生活有诸多不如意，但是我们却从来不曾想过要去改变它，而让自己的内心承受各种痛苦、煎熬。

为什么有的人可以拥有快乐、美好的人生，而有的人却只能与苦痛相伴，艰苦谋生？很大一部分原因，就是她们没有与自己的内心进行深层次的沟通。人们的意识常常是自己所能看到、所能想到的，而关于自我重要的部分却深藏在我们的潜意识里面。只有我们找到了和自己潜意识沟通的途径和方法，才能发现我们内心深处的需求与动力，才能改变自己，过上自己想要的生活。

人在压力很大的时候，往往不善于思考，若想和自己的内心进行深层次的沟通，则需平缓心情，放松心境，在平和安静的气氛下，体会并感受自己的内心。问一些平时不会想到的问题。比如：思索自己的人生目标；感受自己所处的环境；试想自己的行为潜力；探索自己所能达到的能力；探寻自己的人生观、价值观。每每与自己沟通之后，去找寻自己最热切想做、最需要去做的事情，一件件完成，慢慢地改变自己，成就自己。跟从内心灵魂的向导，努力地完善自己，改变自己的生活，让自己更快乐、更豁达，努力地积蓄内心的力量。内心强大的女人，往往是快乐、淡定的女人，而生活对于她们来说，也是充满阳光的。

◇ 与他人的心灵沟通

每个人的内心世界，都宛如彼岸与此岸，人与人之间的差距与分离就好像两岸之间滔滔不绝的江水。要想到达彼岸，就必须建造一座坚固的桥。而要想走进他人的内心世界，就要搭建一座与他人心灵沟通的彩虹之桥。前苏联作家温·卡维林曾经说过：推心置腹的谈话就是心灵的展示。与他人的沟通，将自己的热忱与经验融入谈话中，是打动人的速简方法。只有用心的与他人沟通，才能获得他人的信任，才能平添自己的个人魅力。

有了心灵与心灵的沟通对话，才有“周公吐哺，天下归心”的世传佳话；才有令人神往的“钟子期和俞伯牙的高山流水”；才有“刘备三顾茅庐”成就三分之一天下的丰功伟绩；才有“唐太宗重用魏征”开拓了“贞观之治”的繁荣社会。所有这一切，都是来自两颗不同地域、不同时间、不同空间的心灵碰撞出的共鸣，真诚的心灵之间的对话，纵然千山隔，万水阻，以让能碰撞出不灭的火花，缩短人与人之间的距离。在现代社会，人情逐渐冷漠，心与心之间的距离越来越远，柔情万水的女性们，更要搭好心灵的彩虹之桥，尽情地倾听，尽情地交谈，缩短与他人的距离，折射自己与朋友的精彩画景，努力为生活添上五彩的华衣。

◇ 与另一半的心灵沟通

女人要学会与另一半的相处之道，而心灵的沟通是其中最重要的一个环节。有时候，两个人很多误会都是因为沟通不到位导致的。比如有时候，女人不开心了并不会直接说出来，而男人的神经大条往往难以发现，不自觉会认为女人没事找事，或者让女人解释抱怨的细节。就一件很小的事情，两个人也有可能越说越气愤。其实，男人只想知道发生了什么具体的事，而女人想要的也只是男人安慰的话语。而沟通不到位，很有可能演变为一场家庭大战，不仅谁都没有如愿，反而平添了更多的抱怨与不满。

实际上，男女的思维差异早已导致男女之间的沟通变为一门深刻的学问。女人首先要了解自己的男人，在日常的生活中，用心去观察自己的男人，感受他的喜好以及他的思维惯式。有什么事不开心，大可不必遮遮掩掩，总让男人来猜自己的心事，反而会让男人丧失了耐性，而负面的话也要尽可能地不说。心灵的沟通，是要女人做到将心比心，用自己的心灵来感受对方的心，投其所好，一起努力创建和谐的家庭。男人都喜欢女人关心自己、体恤自己、理解自己，而不是只顾自己喜好的任性小女孩。只有做到了心灵的沟通，才能长久拴住男人的心。

所以女人，不管遇见什么事，都要学会用心灵去沟通。心与心的沟通，能用心来感受到对方内心深处最深层的底蕴。用心灵与人沟通的女人是美丽的，是人人都喜爱的，是会用心去生活去感受的。

欣赏不完美的自己

金无足赤，人无完人。完美就像七彩的泡沫，美丽而玄幻，当你追逐它时，它却在不经意间化作一丝泡影，无影无踪。女人不必苛求完美，完美是追求不到的沉重负担，就像给自己套上沉重的精神枷锁，忘却身边应有的快乐。

每个人都是在错误和不完美中逐渐成长。现实生活中，不少女性朋友都苛求完美，无论对于自己的外貌还是行为处事，都对自己高标准、严要求，力求做到最完美。她们希望事情都能尽善尽美，希望人人都能满意快乐。而其中一部分人，因为做不到完美而心灰意冷，颓废消沉，她们认为做不到完美，自己就没有任何优势与魅力。其实大可不必这么想，纵然每个人都有或多或少的不完美，但是这个不完美并不能影响我们享有幸福快乐的生活。

著名作家米兰·昆德拉曾经说过："生活是一张永远无法完成的草图，是一次永远无法正式上演的彩排，人们在面对抉择时完全没有判断的依据。我们既不能把它们与我们以前的生活相比，也无法使其完美之后重新来过。"没有人能够保证生活是完美的，也没有人能够确保自己是完美的，自己的行为是完美无缺的。生活赋予人们的总是或多或少的遗憾，我们能做的，就是勇敢面对自己的不完美，爱上自己的不完美。即便未来的道路披满荆棘，我们仍然面带微笑地坦然踏过，去努力创造美好的幸福生活。

《红楼梦》是中国的四大名著之一，相信不少人都拜读过。而薛宝钗和林黛玉是大家再熟悉不过的两个经典女性人物。提起薛宝钗，大家都不禁想到，她绝对是一个堪称完美的女性：她容貌丰腴，肌骨莹润，唇不点而红，天然性感；她兰心蕙质，博学宏览，吟诗作赋和黛玉平分秋色；她知书达理，处事得当；她温柔体贴，善解人意，为母亲分忧；她尽心照顾大观园的姐妹们，为贫寒的岫烟添置冬衣，替湘云准备菊花社，给黛玉送燕窝；她平和娴雅，豁达大度，对黛玉的讥讽都是充耳不闻。她的雅量高致和根底里的善良，显示出她巨大的内在修养，铸就了她的完美。而林黛玉，虽然也有国色天香，也饱腹诗书、才气过人，但相比于薛宝钗，她并不完美。她最大的特点莫过于她娇贵的身体和狭小的气量，动不动就与宝玉置气，而宝玉恨不得日日宠，时时哄，才得以林妹妹的笑颜。

虽然薛宝钗几近于完美女人，但她的情场失意却使得她的生活并不完美。纵然她美若天仙，纵然她行为处事得体恰当，纵然她获得了园子内的一致好评，但她终了也未获取贾宝玉的心，虽然嫁与了贾宝玉，但宝玉的真心从头至尾都属于林妹妹。薛宝钗终身都未获得真正的情爱，也许正因为她的过于完美，反而拂了男人的兴致。

晓说

薛宝钗可谓是完美女孩的标准范本，她有娇美的容貌，又不似林妹妹那般弱不禁风，尖酸刻薄；她有好的品行，好的为人，好的教养。她实在是太完美了，完美的挑不出任何一点瑕疵。也正因为如此“完美”，让人有一种无福消受的感觉。正如现在很多大龄女性一样，她们不是因为不好找不到对象，往往是因为她们在男人眼里太优秀了，不禁让人产生一种高攀不起的感觉，从而敬而远之。太完美的女人，在男人眼里，更多的是尊敬和崇拜的感情，唯独少了那层男欢女爱之意。如想寻得佳人，女人大可放下身段，该强硬时强硬，该撒娇时撒娇，该耍小性时耍小性，该明事理时大方豁达的明事理，做个让男人欲罢不能的小女人。

幸福秘方

女人真的不要太完美，如果真的一心一意地去追求完美，不过是给自己套上沉重的精神枷锁，时而久之，自己将会压垮自己。女人首先要懂得欣赏自己，哪怕是很不完美的自己，也要学会去欣赏、去爱。爱上不完美的自己，并不是放任自己，听之任之，反而正是勇于面对自己、挑战自己的表现。欣赏自己的不完美，才能更深层次地了解自己、尊重自己，从而让他人喜欢自己。

就像美国作家黛比·福特在《接纳不完美的自己》一书中写道：我们的每个缺点背后都隐藏着优点，每个阴暗面都对应着一个生命礼物：好出风头只是自信过度的表现；邋遢说明你内心自由；胆小能让你躲过飞来横祸；泼妇在有些场合是解决问题的最好方式……阴暗面也是生命的一部分，只有真心拥抱它，我们才能活出完整的生命。

女性朋友们，尽快放下心中的枷锁，适可而止地追求完美，让自己生活在快乐幸福的世界中吧。

迎接挫折的洗礼

人生的变数很多，没有人能承诺一生的晴天。人生的道路好比大自然的环境，既会经历阳光和煦的春天，又要忍耐数九的严寒；有时可以享受风和日丽的平静，而有时又要迎接电闪雷鸣的挑战。英雄也是经过千百次失败的锤炼才得以修成，人生在世，不可能万事顺风顺水，不经历风雨，又怎能迎来彩虹。未经历过失败的人，又怎会尝得成功后的甘露。

法国启蒙思想家卢梭说过："一个不怕挫折的人才是真正坚强的

人；一个人面对挫折而露出的微笑才是世界上最美的微笑。"迎接挫折的洗礼，是一种态度，是一种豁达，是一种动力，在失败的境地中，要么甘愿颓废，要么不甘崛起。坚强的人总是拥有良好的心态，看淡失败，吸取教训，他日终将获得成功。就像遭受台风的果园虽然让人无奈，但它能拥有无限的幽香。坦然面对失败，泰然处之与获取经验将是你得到的最纯净的洗礼。

曾经有这样一个故事：草地上有一个蛹，被一个小孩发现并带回了家。过了几天，蛹上出现了一道小裂缝，里面的蝴蝶挣扎了好长时间，身子似乎被卡住了，一直出不来。天真的孩子看到蛹中的蝴蝶痛苦挣扎的样子十分不忍。于是，他便拿起剪刀把蛹壳剪开，帮助蝴蝶脱蛹出来。然而，由于这只蝴蝶没有经过破蛹前必须经过的痛苦挣扎，以至于出壳后身躯臃肿，翅膀干瘪，根本飞不起来，不久就死了。自然，这只蝴蝶的欢乐也就随着它的死亡而永远地消失了。

晓　说

蝴蝶要经历痛苦地挣扎，才能冲破蛹壳的阻力，蜕变为一只美丽的蝴蝶。其实，人生亦是如此，要得到欢乐就必须能够承受痛苦和挫折。人必须经历各种磨练，才能坚强，收获快乐，学会成长。而女人要想自己蜕变的漂亮，富有魅力，必须经过多重的修炼，经历痛苦的蜕变期，从失败中吸取经验教训，才能冲破层层阻力，修炼成为一个像蝴蝶一样美丽优雅的女人。

历史上著名的勃朗特三姐妹的故事，就是女人敢于迎接挫折的洗礼，不向命运低头，最终获取成功的典范。勃朗特姐妹小时候母亲早逝，撇下三个女儿、一个儿子。作为大姐，夏洛蒂担起了家庭生计的责任。虽然生活很艰难，但她和两个妹妹从未停止过写作尝试。有一次，诗人骚赛还用冷冰冰的口吻训诫她们，叫她们放弃文学，认为这不应该是妇女的终身事业。可她们偏不墨守成规，坚持抗争，冲破陈腐观念的束缚，怀着信念，省吃俭用，勇敢地在荆棘丛中开拓新路，向小说的道路走去。

苦难、痛苦和失败并没有击败她们的意志，泯灭她们的追求；相反，逆境和挫折反而激发了她们对于理想的不懈努力，最终使她们获得了巨大的成功。

晓　说

勃朗特三姐妹经历众多痛苦与挫折，仍持之以恒地坚持着内心的追求，在众人冷眼旁观的氛围下，在女性并未获得任何地位的社会中，她们最终凭借着自己的努力，成为英国家喻户晓的作家。大姐夏洛蒂·勃朗特在《简·爱》中对女性独立性格的叙述、二姐艾米莉·勃朗特在《呼啸山庄》中对极端爱情和人格的描写、三妹安妮·勃朗特在《艾格尼丝·格雷》中让人印象深刻的寂寞情绪，令人回味无穷。一家三姐妹占据了英语文学名人史中的3个席位，恐怕连众多男性作家都自叹弗如。在面对挫折与痛苦时，我们要勇于挑战，坚持到最后，就会看见七彩的彩虹，就可以欣赏雨过天晴的美景。而心灵在经历暴风雨的洗涤之后，将更加坚韧与透彻。

幸福秘方

大作家冰心曾经说过："成功的花，人们往往惊羡它现时的明艳，然而当初，它的芽儿却浸透了奋斗的泪泉，撒满了牺牲的血雨。"看似平坦的道路，也可能布满荆棘；看似平静的海面，也可能波涛汹涌；看似广阔的天空，也可能狂风欲作。人生亦是如此，挫折随处可见，然而，只有怀着一颗平常心，于挫折中感悟人生，才能顺利迎接挫折的洗礼。生命中的每个挫折、每个伤痛、每个打击、每次彷徨都有它的意义。要知道，挫折是上天送给每个人的一份珍贵的礼物，只有在挫折中真正感悟到生命的真谛，才不枉人生的一番经历。

女人的尊严

女人，要活的有尊严，要爱的有尊严，丢了尊严，也就会丢了爱。丢了尊严的女人，就如同失去了生命，任由他人看低自己却无法自拔。陆琪曾说："很多人总用卑微的姿态去对爱情，但爱情还是离开了。卑微能换回一点爱吗？当然不能，爱情是不相信卑微的。往往你越高贵，所能获得的爱就越多。而放弃尊严越多，失去的爱也越多。这是个自珍自爱的游戏，保持你的自尊心吧。站着目送没缘分的人远去，总好过跪着求他留下来。"

女人，不管如何去爱一个男人，哪怕他不爱你，你都可以继续爱他，只要他没有欺骗过你，你的爱都是有尊严的。但如果他玩弄你于股掌，他总是巧舌如簧地应对你，而你明明知道他是骗人的，却还一如既往地爱他，那么你的爱将一钱不值。这样的爱已经没有必要付出，因为他已经玩弄了你的感情，已经玩弄了你。他已经不再在乎你的感情，不再考虑你的感受。没有尊严的爱对他来说，就像空气一般，一律视而不见。女人只有学会了活的有尊严、爱的有尊严，才能爱的有价值，才能收获同样的爱。

好朋友茜茜和男朋友小军从相识到相知到相恋经历了7年。他们是在网上认识的，在QQ异常火爆的年代，网恋也逐渐时兴起来。

茜茜和小军在网上聊得十分投机，将彼此视为知己。后来，俩人考上了不同地方的大学。一次偶然的机会，茜茜被一所台湾的大学看中，希望她可以去深造。当时的她并没有马上深造，而是问他："你希望我去吗?"他只简单地说了句："我希望你留下。"而正是因为这句话，茜茜把这次珍贵的名额让给了别人。在大家不可理解的目光中，只有茜茜能够体会内心的甜蜜。毕业后，两人都留在了大城市一起打拼，优秀的茜茜凭借极好的成绩以及优异的外语能力，申请到一所美国著名大学的 MBA，面临考验的时刻又到了，俩人刚刚走到一起不久。虽然茜茜颇为动心，但是小军还是一句："我真心希望你能留下。"茜茜又一次放弃了深造的机会，努力和小军一起打拼。

经过两年的恋爱生活，两个人的矛盾逐渐显现，小军并没有很强的事业心，却总有一点小花心。久而久之，小军竟然在外面搞出了相好的女人，于是提出分手。茜茜听到此言，犹如晴天霹雳，她原本以为俩人是马上要结婚的。她对于这段感情，陷入得太深了。自那之后多少个夜晚，她独自一人在家反复听着"我最亲爱的"。7 年的感情，她付出了太多太多，拒绝了太多动心的机会，却换来如此结局。就像火热的心，被人狠狠地插了一把利剑，被伤得太狠的心，麻木的感觉不到任何疼痛。她几经思考，拿出恋爱以来记录的点点滴滴，交给小军，任由他决定。看过详细恋爱历程的小军，虽然也颇为感叹茜茜的用情，却熄不灭燃烧正旺的"爱情"之火，最终没能回到茜茜身边。

在经历彻骨的伤痛之后，茜茜打点行李搬出了二人的小居所。她没有万般乞求，没有死缠烂打，她甚至没有丁点为难过小军。她只是在哀伤的外表下，带着自己的行李，带着自己破碎的心，走了。分手后的茜茜，日夜努力工作，业余时间学习，努力的忘却伤心往事。一段时间之后，她成了公司的主力军，并获得了晋升。此外，她又一次考取了美国的著名学府，这一次，她决定留学海外，接受心仪已久的深造。而小军在和别人的恋爱之火降温后，深感茜茜的各种好，懊悔之中努力挽留茜茜重新给自己机会。而茜茜再也没有回头，踏上了西半球的国家。

晓　说

不是每个好女人都会遇到好男人，一个男人的好坏，取决于他的成熟程度。若一个男人不成熟，恐怕会空伤了女人那颗水晶般的心。小军是不成熟的，或者是极度幼稚的，他不会珍惜人，往往在失去的时候，才会懊悔不已。而茜茜是个敢爱，勇于付出爱，又爱得极有尊严的一个女人。她为了爱情，拒绝深造，为了爱情，努力付出。当得知爱情终究留不住时，她给自己挽回了最终的颜面，她保持了一个女人最后的尊严。如果她低三下四地去乞求那卑微的爱情，恐怕只会乞到小军不屑的鄙夷。

女人要有尊严，无论如何，都不能过度地伤害自己，要让他知道，没有他的世界你不是不能活，而且你过得很好。他当初的行为很傻，抛弃你、不要你是他的损失，不知道你的好。三毛曾说："上天不给我的，无论我十指怎样紧扣，仍然走漏；给我的，无论过去我怎么失手，都会拥有。"这个世界上不是只有他一个男人，自己以后一定会碰到一个更爱自己，对自己更好的人。只有拥有了尊严，才能享有幸福，才能重获快乐的生活。

尊重他人，善待他人

人与人之间的相互尊重，是人类从野蛮走向文明的一个标志；尊重他人，善待他人，是一个人自我修养成果的完美体现。叔本华曾经说过："要尊重每一个人，不论他是何等的卑微与可笑。要记住活在每个人身上的是你和我相同的灵性"。仁者必敬人，要想自己修炼的魅力有加，那么必须要学会尊重他人。

在人们的交往中，自己待人的态度往往决定了别人对我们的态度，就像一个人站在镜子前，你笑时，镜子里的人也笑；你皱眉，镜子里的人也皱眉；人对着镜子大喊大叫，镜子里的人也冲你大喊大叫。所以，我们要获取他人的好感和尊重，首先必须尊重他人。

有一个这样真实的故事：一天，一位40多岁的中年女人领着一个小男孩走进美国著名企业"巨象集团"总部大厦楼下的花园，并在一张长椅上坐了下来。她不停地在跟这个男孩说着什么，似乎很生气的样子。不远处有一位头发花白的老人正在修剪灌木。

忽然，中年女人从随身的提包里拉出一团白花花的卫生纸，一甩手将它抛到老人刚修剪过的灌木上面。老人诧异地转过头朝中年女人看了一眼，中年女人满不在乎地看着他。老人什么话也没有说，走过去拿起那团卫生纸，把它扔进了一旁装垃圾的筐子里。

过了一会儿，中年女人又拉出一团卫生纸扔了过来。老人再次走过去把那团卫生纸拾起来扔到筐子里，然后回到原处继续工作。可是，老人刚拿起剪刀，第三团卫生纸又落在了他眼前的灌木上……就这样，老人一连捡了那中年女人扔过来的六七团纸，但他始终没有因此露出不满和厌烦的神色。

"你看见了吧！"中年女人指了指修剪灌木的老人对男孩大声说道："我希望你明白，你如果现在不好好上学，将来就跟他一样没出息，只能做这些卑微低贱的工作！"

老人听见后放下剪刀走过来，和颜悦色地对中年女人说："夫人，这里是集团的私家花园，按规定只有集团员工才能进来。"

"那当然，我是'巨象集团'所属的一家公司的部门经理，就在这座大厦里工作！"中年女人高傲地说道，同时掏出一张证件朝老人晃了晃。

“我能借你的手机用一下吗？”老人沉默了一会儿说。

中年女人极不情愿地把手机递给老人，同时又不失时机地开导男孩：“你看这些穷人，这么大年纪了连手机也买不起。你今后一定要努力啊！”

老人打完电话后把手机还给了她。很快一名男子匆匆走过来，恭恭敬敬地站在老人面前。老人对来人说：“我现在提议免去这位女士在‘巨象集团’的职务！”“是，我立刻按您的指示去办！”那人连声应道。

老人吩咐完后直朝小男孩走去，他伸手抚摸了一下男孩的头，意味深长地说：“我希望你明白，在这世界上最重要的是要学会尊重每一个人……”说完，老人撇下3人缓缓而去。

中年女人被眼前骤然发生的事情惊呆了。她认识那个男子，他是“巨象集团”主管任免各级员工的一个高级职员。“你……你怎么会对他那么尊敬呢？”她大惑不解地问。

“你说什么？他是集团总裁詹姆斯先生！”中年女人一下子瘫坐在长椅上。

晓　说

尊重他人，善待他人。切忌像故事中的母亲一样，从门缝中看人，难免会把人看扁，从而吃了一个大亏。尊重他人是一种高尚的情操，也是必不可少的应该具备的美德。当与他人交往时，应用真挚的心，尊重对方的行为打动对方的心灵，建立和谐美好的人际关系。现在生活中，不少人总是以自我生活为中心，并不尊重他人，时而久之，失去的不仅是朋友、恋人，也许还有可能失去工作和家庭。

幸福秘方

女性文化作家苏芩曾说："好名声是女人最体面的嫁妆，胜过一切的学历和资产。"想要拥有好的名声，女人至少要做到自尊自立、不乱情、不滥情。而大部分男人对女人的要求，也正是希望她们内敛含蓄。所有令人讨厌的行为有一种共性，那就是对别人的尊重不够。教养体现细节，细节展现素质，女人要想展现迷人魅力，那让自己离下面这些细节远一些。

- 天天拿自己的男人和他人比较。
- 不给自己的男人留脸面。
- 步步紧逼对方，不留空间。
- 不要盲目追求虚荣。
- 不要过分指责对方。
- 切忌剥夺他人权利。

只有充分给予对方尊重的女人，才能收获一个幸福的爱情与家庭。

改变人生的十部电影

序号	书名	内容真谛
1	《阿甘正传》	执著
2	《东方不败》	才华
3	《美国往事》	人生
4	《罗马假日》	爱情
5	《勇敢的心》	勇气
6	《辛德勒的名单》	责任
7	《肖申克的救赎》	信念
8	《ET》	童心
9	《现代启示录》	痛苦
10	《第七封印》	哲思

有情饮水饱

爱情滋味篇

玫瑰是花中之最，它为人民带来最美好、最甜蜜、最魅惑的爱情。

花之物语——红玫瑰与白玫瑰

什么花能让女人芳心苏颤？虽然有人说牡丹是百花之王，虽然有人说荷花是花之君子，虽然有人说菊花是花中隐士，但是只有玫瑰，只有玫瑰才是花中之最，再高傲的女人也无法阻挡玫瑰的魅力。在现代人眼中，玫瑰已成为爱情的象征，它为人们带来最美好、最甜蜜、最魅惑的爱情。

玫瑰对爱情的象征来源于希腊神话中的植物之神阿多尼斯，他也是维纳斯的情人，有着如花般俊朗美丽的面孔，传说在他打猎遭到野猪袭击而第一次死亡时，第一朵玫瑰就诞生在他的鲜血中，但在维纳斯的帮助下，他每年都会化为植物后再次重生，永葆青春，这朵植物即为玫瑰。所以玫瑰自此便成为“超越死亡的爱情”的象征。从此之后有文学作家都将玫瑰作为女性美与活力的符号。

张爱玲的名作《红玫瑰与白玫瑰》一书中有这样一句话：“也许每一个男子全都有过这样的两个女人，至少两个。娶了红玫瑰，久而久之，红的变了墙上的一抹蚊子血，白的还是‘床前明月光’；娶了白玫瑰，白的便是衣服上沾的一粒饭黏子，红的却是心口上一颗朱砂痣。”爱情正如红玫瑰与白玫瑰，因人而异，因角色不同而带有不同的爱情视角。变为白玫瑰，则缺少了勾人心魄的那一点魅力；而作为红玫瑰，虽然刻骨销魂，却无法感悟爱情的长久。一个女人，最完美的修炼就是掌握爱情的真谛，做一朵红白相间的特殊玫瑰，既让自己成为男人心口上的朱砂，又让男人一生不离不弃。

爱情之本性

爱情不是短暂的占有，而是永恒的守护。懂得与陪伴远比爱情本省重要。爱上一个人并不难，难的是爱他/她一生一世。当两个人相处久了就会变为习惯，而爱情可能也就转化为亲情，不再是浓浓的而是淡淡的。再之后，也许双方不再会用心守护爱情，任由它一天天远去。没有了永恒，也就没有了爱情。爱情的本性是永恒的、宽容的、现实的，相爱的两个人，不管岁月如何变迁，都要尽最大努力去捍卫爱情、守护爱情。一旦爱上一个人，就要做好一直守护爱情的准备；否则，你会陷入爱情的游戏中，迷失了自己。

◇ 永恒

这个世界上，能两个人时时刻刻一起做的事情，是少之又少。就算在甜蜜的恋爱中，两人能做的也不过一起看电影，一起吃烛光晚餐，一起牵手逛街。而这样的时刻又能有多少？一周能有几次？大多时间，仍然是各做各的事情。结婚后的人们，虽然同住一个屋檐下，但是饭后也许男人热衷于电脑前打网游，而女人更乐意于看电视或者看淘宝。虽然双方在做着不同的事情，但是仍然在同一居室陪伴着对方。

也许很多人都说，爱情是短暂的，虽然美好却又短暂即逝的。其实，爱情的本质是永恒的，双方日复一日的陪伴，就是最美好的爱情。虽是吃饭，两个人也是各品各的味道，而看电影，也是各有各的欣赏角度，但爱情真正赋予两个人的，就是贴心的陪伴。过了爱情的亢奋期，会迎来爱情的常态，爱情的常态就是在日复一日的生活中，两个人所拥有的简单的幸福。如果你拒绝爱情的常态，只想体会激情的爱，那你收获的也许只是失望，你也许不再相信爱情，不再相信男人。没有哪段爱情最后不走入平常期，如果不能享受平淡的爱情，也就无法继续体会爱情。

◇ 宽容

开始爱上一个人，也许是因为她的美貌，也许是因为他的才气，就像崇拜明星一样，恨不得在心里将对方神化了一样。而往往正是这种感觉，会将自己的爱情彻底打败。俗话说，人无完人。也许貌美如仙的她生活中邋里邋遢，也许才气逼人的他是个火暴脾气。在一段时间的交往以后，带给你的也许只是彻底的失望。你感叹于爱情并不像你想象中的美好，就像书中美丽的童话故事，往往也有不为人知的一面。

这种失望给人带来的挫败感很有杀伤性，为什么人们常说婚姻是爱情的坟墓，为什么会有七年之痒，当人们刚触碰爱情的时候，哪怕只有一点点激情，都足够人们回味无穷。而在时间的长河中，相恋的双方一点点了解了对方，熟知了对方的缺点，他们变得越来越不满意。与初恋时满眼的优点相比，恋爱久了婚姻久了，大部分人剩下的只是对方越来越多不能容忍的缺点。

人们盲目走入爱情，相信爱情，到后来失去爱情很大程度是由于轻视了爱情本来应该拥有的宽容和尊重。世界上有哪一个人是和你想象中一模一样完美无缺的呢？恐怕并没有。如果不能接受对方本来的面目，又怎配拥有爱情呢？任何人都有自己的缺点，也有疲惫的时候，当对方把自己的缺点暴露给你时，并不是他不爱你了，反而是更加爱你、信任你了，而此时的你难道不该展开你的双臂，拥他入怀，给予安慰吗？如果你厌恶地将他弃之一边，还如何获得他的信任与爱？不宽容的爱情只会逐步走向死胡同，而你也将失去精彩的人生。

◇ 现实

爱情是现实的。三毛曾经说过："爱情如果不落到穿衣、吃饭、睡觉、数钱这些实实在在的生活中去，是不会长久的。真正的爱情，就是不紧张，就是可以在他面前无所顾忌地打嗝、放屁、挖耳朵、流鼻涕；真正爱你的人，就是那个你可以不洗脸、不梳头、不化妆见到的那个人。"一个紧张到不敢呈现真实的自己的恋情，并不是真正的爱情，而是卑躬屈膝的讨好。爱情中如果没有真正的平等，是不会长久的。

爱情的多少，并不能用金钱衡量。如果一个男人给你很多金钱，但并没有把你带入他的圈子，那么这段爱情充其量只有5%。想要获得实心实意的爱情，金钱并不是唯一衡量因素。他要和你确认关系，把你带入朋友圈子，让你知道他的所有密码，对你没有任何保留，和你一起设想未来，你是他生活中的重要组成部分。如此，你才算是得到了他百分百的爱情。

幸福秘方

圣经上说："爱情是恒久的忍耐"。忍耐对方的缺点，忍耐对方的疲惫，忍耐各自的独处，忍耐爱情的现实。忍耐并不意味着压抑或是忍辱负重，它更多地代表了一种慈悲与宽容。张爱玲曾说："因为爱过，所以慈悲；因为懂得，所以宽容。"当然，所有这一切要在对方值得付出的基础上才能成立。固执地对一个没有良好品性的男人好，也许爱情本身就是支离破碎的。

将爱情进行到底

将爱情进行到底，说之轻松，却是难上加难。在快节奏的现代生活中，爱情也演变得有股速食面的味道。越来越多的离婚诉讼，闪婚一族的降临，感情的保质期短到索然无味的境地，纯情的爱情滋味也许只有早恋的学生才能体味一二。爱情本是一件不计回报不计投入的事情，可许多人总是为爱情绑上许多附加值。贫富本是不可选择的事情，但有太多的人总是为了金钱而出卖爱情，或是算计着对方。这样的爱情如何能长久，如何进行到底。而少数没有经过算计的爱情，也不知从何时开始，逐渐淹没在忙碌的生活中。因此，越来越多的人渴望爱情，寻找爱情，却也不过是望洋兴叹。

《将爱情进行到底》很多人都看过，主人公经历了美好的初恋，却未必能收获长久的爱情。第一幕是许多人认为最完美的剧情。杨铮和文慧结婚七年，杨铮成为大公司高管，文慧专心持家。一次杨峥有意无意间的离家出走，他住进一家在自己家对面的连锁商务酒店，并开始了偷窥文慧的生活。很多天过去了他发现文慧居然没有找过他。在他心灰意冷时，发现了文慧一连串的秘密。历经周折，他们都在另一个角度去关心着对方。故事最后，他们又回到爱情的轨道，品尝到了幸福齿轮转动出来的甜蜜。

晓　说

两个人经历了爱情的甜蜜期，进入爱情的平淡期，不少人都认为和对方已经没有感情了。有些人对婚姻并没有太大的不满，而婚姻本身也没有太大的矛盾，就像电影中的情节，就是那样淡淡的了。其实，为生活而忙碌的人们，往往忽略了最重要的沟通。也许用心观察一下对方的生活，就会豁然发现，其实彼此的心中都有对方，只是遗忘了如何表达，或者忙于工作而忽略了表达。电影中的主人是幸运的，在深刻观察了对方的生活之后，仍然发现彼此的重要，重新找回了以为丢失已久的爱情。

一位商业成功人士，终日惶恐于自己的婚姻将要断送。别人问他有没有人出轨，男人斩钉截铁地回答没有。女人是一名老师，工作没有男人繁忙，贤惠地料理家庭。很多人不解男人的担心出自于哪。男人说："结婚十几年，早就没有爱情与感情了，生活淡得如水。只有把挣的钱交给老婆时，才能看到她脸上的笑容。平日出差，老婆也不闻不问，全部的精力也只是放在孩子身上。"男人感受到的是自己已经不再被爱，简单的成为赚钱的机器，与想象中的婚姻，甚至与十年前的婚姻都截然相反，所以失去了婚姻的信心。

在咨询了心理专家之后。心理专家简单的几个问题，却让男人哑口无言。心理专家问他第一："夫妻之间的关系模式是在日常生活中相互培养起来的，你说老婆只爱钱，很有可能是你培养出来的。因为除了钱，你还给过什么给你老婆？"第二个问题："你有帮她分担过什么？除了挣钱，你做过家务，问过她的日常生活吗？"第三个问题："你们有多少时间共处，彼此分享彼此的喜好与不悦？"简单的三个问题，男人一个都答不上来，不是没有感情，而是自己以为爱情或是感情就是给予金钱，时间长了，就算有钱，也买不回来感情了。

晓　说

女人习惯了男人忙碌交钱的生活，时间一长，这就演变为固定的生活模式。不仅男人，女人应该也会感受到婚姻的无聊，谁不想付出爱并且被爱呢。生活是有生活的艺术，如果只是简单地收钱顾家或是赚钱养家，那恐怕再相爱的人，也会找不到爱情的半点痕迹。金钱是能给予人们很优质的生活，但是两颗心时时关心，时时问候，才是爱情的最佳表达方式。

幸福秘方

纳撒尼尔·李曾经说过："水会流失，火会熄灭，而爱情却能和命运抗衡。"爱情是持久永恒的，失去爱情的人，都是没有好好守护它。两个人在一起，最长久牢靠的方法，莫过于彼此需要，且不可替代。茫茫人海中，只有一人能与你共度。在你最脆弱的时候，有人能支持你；高兴的时候，有人能与你一起分享；你最伤心时，有人能在旁安慰鼓励你。而你也能为对方做相同的事情，你们彼此分享，彼此需要，最幸福的爱情也不过如此了。我们一定要努力守护自己的爱情，滋养自己的爱情，将爱情进行到底！

女人的秘密武器

曾经有一句话是这样说的："征服男人的，不是女人的美丽，而是她的女人味。"女人味是什么？估计大家脑子里都会有想法，但是却又说不清道不明的一种感觉吧。人们说起女人味，总想到性感、妩媚、楚楚动人的女人。仿佛只有此般模样的女人，才算是充满了女人的味道。其实，在现代社会，女性早已拥有广阔的自塑空间，女人味的含义也变得宽广和深远。所有有关女性特有的种种优点，都是可以构成"什么是女人味"这一问题的最终答案。简单来说，女人味是女性具有而男性缺乏的种种女性优点。

而女人的秘密武器是什么呢？在日常生活和工作中如何有效地利用这一神秘力量达到目的呢？女人的秘密武器实际上就是所谓的女人味。女人要善于发挥女性特有的优点来制服男人，让男人乖乖地“投降”。

◇ 如水般温柔

女人最大的秘密武器就是温柔，武侠小说里经常会有这样的描述，英雄大侠经常拜伏在女人的温柔刀下，陷入温柔香里，万劫不复。英雄难过美人关，仅仅有美貌是不够的，只有温柔如水的女人，才能将男人降伏。女人要想被人爱，首先要可爱，温柔的女人总是楚楚动人的惹人怜爱。两个人相处，难免产生矛盾，而温柔的女人总能轻而易举地化解危机。

中国古代有这样一个故事，有一知府走马上任，刚到府衙，就听说当地的大小官吏都有一个毛病——怕老婆，内人参政，妨碍公事的事情数不胜数。于是，他想验证一下。

一天，文武官员都到齐了，知府大人说道：“听说这里有个风俗，就是男人都怕老婆，不知诸位如何，现在，我想请怕老婆的站到左边来，不怕老婆的站到右边去。”

听了知府大人的话，大小官吏们你看看我，我看看你，谁也没有动。

知府大人又说了：“现在，诸位的内人就在隔壁的房子里。”

话音刚落，只见大小官吏们纷纷站到左边去，最后只有一个人慢慢走到右边。

知府大人见了哈哈大笑：“谁说这里的男人个个怕老婆，还有一个不怕老婆的嘛！”说着，他走到这个小官跟前，说：“跟他们讲一讲，你是怎样站到这边来的？”

这位小官忙说：“早晨出门的时候，老婆告诉我不要往人多的地方去。”

晓　说

女人存在的理由，就是因为她具备男人所缺乏的温柔。温柔，这是作为母亲和妻子的女人不可缺少的一种基本的资质和品性。千万不要让你的男人背上“怕老婆”的名声，否则他会在别人面前丢面子，进而对你产生厌恶感。作为女人，不要对丈夫看管得太严，最重要的是，要懂得并学会温柔。

◇ 晶莹的泪珠

眼泪是打动男人心的秘密法宝。眼泪并不等同于哭闹。一哭二闹三上吊的哭闹是泼妇的专利，如此这般哭闹不仅不能打动男人，反而会让男人心生厌烦，丢尽颜面。现在的女性，大多是知书达理的智慧型知识女性，更要尽力避免这种泼妇才有的行为。即使你在外面是最精明强干的女强人，回到家中，也要努力学着收敛，要学会向男人示弱，而不是找男人哭闹。

眼泪是女人有别于男人可以尽情挥洒之物，有别于男儿有泪不轻弹，女人却可以在伤心委屈时，啜啜哭泣。眼泪就像是晶莹剔透的雪花，带有那一抹独特的色彩，用它既可以释放自己的心情，也可以征服自己的男人。当男人看到喜极而泣或是伤心流泪的女人时，心里的感情必像是打翻了的五味瓶，各种滋味都驻足心间，他对你的感情也由于此种跌宕起伏而日渐浓厚。因为你特别的眼泪，他将自己的感情全部付之于你，你那点点的哀伤，无时无刻不牵动着他的心。当然，此法宝仅限偶尔使用，若像林黛玉般多愁善感，恐怕男人又会敬而远之了。

◇ 甜蜜的撒娇

“万人迷”陈好说过：“女人一定要学会撒娇”。她自曝在学生时代，没有经历过男生的追求。直到后来，她才知道原来是男人都感觉她太强大了，不敢贸然追她。由此可见，女人一定要小鸟依人些，一方面内心要保持自立，但在男人身边，切忌不要表现的过于强大。男人就像万兽之王的狮子，需要确立自己的地位，他们往往都喜欢会撒娇的女人。

会撒娇的女人如水一般，更加妩媚妖娆，让人心扉开怀。徐志摩大诗人如是说：最是那一低头的温柔，似一朵水莲花不胜凉风的娇羞。可见女人的娇嗔是男人所爱的，哪个男人不肯对娇羞的女人百般呵护百般疼爱呢。所以，女人撒娇能得到更多的爱。需要注意的是，撒娇是有别于发嗲的，发嗲是目的性很强的一种手段，其结果除了让人满身鸡皮疙瘩之外，往往不能深入人心，起到应有的效果。而撒娇是女人可爱性格的体现，是真实自然的一种感情流露，如此之真的感情，又有哪个男人能抗拒呢？姐妹们，赶紧学着撒娇吧，让你的男人也感受到你的娇嗔可爱，感受到你那小小的幸福请求，让他们因为你的撒娇而满足你。

掌握主动权，爱情自己做主

爱情只要选择在一起，就一定要义无反顾地走下去，不管遇到什么挫折与磨难，不管面临多少压力，也要继续在一起，因为爱情是自己的，不是别人的，不要让别人去主宰你自己的爱情。掌握主动权，自己的爱情自己做主，才是最美好的爱情。

何超云是澳门赌王何鸿燊的三房长女，在四房子女中备受赌王宠爱。她放弃牛津、剑桥而选择圣马丁艺术学院，与大自己 13 岁的离婚男人高调拍拖，勇敢地谈一场不被看好的恋爱，并且她相信：这一切，跟别人都没有关系。勇敢的捍卫属于自己的爱情，不去想世俗的一切，你更能从爱情中发现原本最真实的你，更懂得自己的欲望与情感，更能让自己快乐。他人并不知道你的亲身感受，合适不合适也只是他人根据基本条件而进行的判断，也许门当户对，但却忽略了那份原始的感情，忽略了当事人的感受。有些人不是不好，可是自己就是爱不起来，因此一定要选择一个自己喜欢的，大胆去爱，深刻体会那种爱情带来的独有的幸福。

若竹是个非常漂亮且十分优秀的女孩，不仅如此，她还拥有一份非常稳定的工作，拿着令人羡慕的薪资。可是她的爱情迟迟没有解决，29的她，仍然是孑然一身，仍没有觅得如意郎君。年轻的时候追她的人不少，但她自觉自身条件相当良好，不以自己的爱情感觉或是对方的真实性情去判断，总以各种条件来衡量。加之她苛刻的母亲时时否定各个异性，导致她成了单身剩女。

有两次恋爱，若竹都很想继续下去，第一个是一个从业军人，不仅外形条件不错，人也踏实肯吃苦。但若竹的妈妈经常唠叨军嫂苦，要经常异地分居，军人流动性太大……若竹受了母亲的影响，再喜欢对方也不自觉犹豫起来，于是错过了这个帅气肯干的军官。第二次的对象是她的同事，工作能力非常强，人也勤奋有责任感，只不过出身小县城。若竹的妈妈此次马力更加强大，轮番强调小地方的人不能找，婆媳关系受不了。若竹更加彷徨了，最后也分手了。

过了几年，当若竹再联系他们的时候，年轻的军官由于异常优异，通过考试，分配到了很好的国家机关工作，潜力很大。而那个同事，不仅读完了研究生，事业上也更进一层，已经自己独立买了房和车。这给若竹的刺激巨大，如果当初没有分手，或许已经过的很不错了，她不禁埋怨起妈妈，也恨自己没有掌握自己的爱情。

此时，若竹遇到了一个大学同学，此男当时很用心地追过若竹，但因为他相貌并不帅气，家庭条件十分普通，并没有讨得若竹的法眼。十年过去了，此男不仅事业有成，人的气质也变得祥和睿智，相貌也比青涩时期有了很大改观。单身的两个人很快就找到了恋爱的感觉，但若竹的妈妈还是不同意他俩的事情，妈妈认为此男举止轻浮。但若竹与此男以前的交往不浅，内心认定此男的人品，于是坚定地走到了一起。

30岁的若竹终于把自己嫁了出去，婚后生活幸福甜蜜，并没有出现妈妈之前担心的事情。问起妈妈为何觉得此男轻浮，妈妈答到因为一次逛街，此男搂着自己的宝贝女儿才口出此言。而此男当时是因为护着自己的女朋友，不被来往人群挤到，才紧紧地搂着。

晓　说

父母的经验很多，也许父母之言确实可以让孩子少走很多弯路，但是时代再变，人的情况也在改变，父母的经验也许并不是十分适用。此外，父母并不能深入了解对方的情况，万一是一个很有潜力的男人，就因为几句话而导致失去信心分手，到头来，都是自己的损失。若竹是幸运的，在错过了合适的人之后，坚定内心，终于找到了自己的幸福。所以，请相信自己的内心，凡事都有可转圜的余地，当时的情况不代表一生的情况，只要喜欢一个人，相信他的人品，那么就要自己掌握主动权，守护自己的爱情。

幸福秘方

试想一下，一个农村男人，就因为其出身农村而放弃；一个军人，因为要与其生活在军营而放弃；一个有才能的人，就因为其没房没车而放弃；一个自身条件尚可的人，因为其其貌不扬而放弃。那么，我们要找的人，与之分享爱情的人，到底是什么人？有的时候想得太多，反而容易错过。只要一个男人，专一、有责任感、有上进心、会体贴人，都是条件非常好的男人。与这样的人交往，其他的条件都可以放在第二位，不要像故事中的主人公一样，被他人忽悠了左右，到头来只能看着他人的喜怒哀乐。女人，要勇敢一点，不要理会世俗的眼光，相信自己，坚定内心，为自己的爱情勇敢做主！

寻找合适的爱情

人世间的爱情纷繁多样，爱情实际上不一定要惊天动地轰轰烈烈，恋爱中的人也无需如胶似漆片刻不能分离。恋爱中的人不需因想念对方而茶饭不思寝食难安，不需要害怕不小心得罪对方而畏畏缩缩、小心翼翼，更不需将全部心思放在对方身上从而失去自我。倘若对方让自己提心吊胆，或是无法享受爱情，总有不自在的感觉，那么这就不是合适的爱情。即使对方再好，也要放弃，需要做的正是去寻找一段合适的爱情。

每个女人都会憧憬完美的爱情，幻想对方高大浪漫，正是自己日思夜想的白马王子。幻想对方英俊逼人，专一负责；幻想对方给自己良好的生活条件，幻想对方带自己周游世界；幻想他对着自己含情脉脉地说出动人的情话。也许这样的境遇只能在偶像剧中看到，就算是想也不过是小女生的浪漫的幻想。可若真遇到这样的男人，有没有人想过自己会变成什么模样？天天用心打扮自己，小心翼翼地与他相伴，时刻担心别的女人企图不轨？日日防不胜防，而自己也会变得陌生。看着一个玻璃美人般的自己，不敢有任何不雅，不敢有任何的不敬，不敢有任何的放纵，活活将自己葬送在了美好的童话里。

合适的爱情，真实而又平淡。就像周杰伦的《简单爱》中所唱：“我想就这样牵着你的手不放开，爱能不能够永远单纯没有悲哀。我想带你骑单车，我想和你看棒球，想这样没担忧，唱着歌一直走。”真正合适的爱情，不必费心经营，正如三毛所说：“上天不给我的，无论我十指怎样紧扣，仍然走漏；给我的，无论过去我怎么失手，都会拥有”。

小白和晓红是青梅竹马的恋人，他们得爱情幸福而又平淡。

虽然没有丰厚的物质基础，但是两个人总是能搞出小浪漫。小白曾经坐着1 000公里火车，只为了给在外地上大学的晓红一个惊喜。小白曾经假期连着打工，只为了给心爱的晓红买一个小钻戒。晓红曾经在家研究整个假期的食谱，只为了给小白烹饪一顿可口的饭菜。两个人一起甜蜜的旅游，一起相依相偎，幸福地生活着。在朋友眼中，她们是情侣最佳典范。

其实，两个人各自不是没有遇到过条件更优秀的人，只是觉得在对方身上才能找到感受最质朴的感情。他们不用金钱来为自己的爱情点缀；他们彼此之间可以毫无顾忌地大吼大叫，大打大闹。晓红可以毫无顾忌地素颜邋遢地出现在小白面前，而小白仍然深爱着这个容貌并不出众的女孩。两个人之间公开透明，没有秘密。小白愿意为晓红做任何她希望的事情，而晓红也愿意为他洗衣烧饭。两个人乐此不疲地说着开心的话，过着开心的日子，各自都没有任何压力，都是原原本本真实的自己，而正是由于彼此接受最原始最真实的自己，爱情才能持久。

晓　说

爱情如人饮水，冷暖自知。心灵的默契，是多少高大英俊，多少金钱奢华都不能带来的，合适的爱情是内心的高度舒适。能找到和你心灵相通、最默契的那个他，才是你应该寻找的恰当的爱情。爱情，虽然千回百转波澜起伏固然能显出其可贵，可之后呢，如果不能走向平静，只怕激情的两个人会弄到伤痕累累、心力交瘁，以至于最后想不放手都不可能了。

幸福秘方

爱情无需刻意地把握，就像捧在手中的沙砾，越是攥得紧，失去的就越多。越想抓牢自己的爱情，也越有可能失去自我，失去原则，甚至最后失去了自己。很多事情不是先靠努力就可以改变的，爱情亦是如此，与其努力挽回已经逝去的爱情，不如努力让自己面对现实，去寻找一段适合自己的爱恋。

错过之殇，做全新的自己

每个人在成长过程中，都会经历许多伤痛，会哭泣会悲哀。很多事情，总是在经历过后才能明白。痛过了，伤透了，便走向坚强；熬过了，则变得成熟；错过了，才懂得珍惜。人的一生注定要错过很多人，错失很多事，无论怎样错过，我们都要继续向前。总是在疼过之后，人才会学着做一个全新的自己。

爱上一个人，仿佛自己整日泡在蜜罐中一般；而失去一个人的滋味，是血和泪的交融。也许经过一段时间，那种彻骨的伤痛可以渐渐愈合，或许永远也不会。就像心中插了一把利剑，拔出来会死，但插在心中则永远会痛。

一个人可以爱很多次，但伤过之后却再也无法愈合，在没有谁像他一样时时牵动着你的心。只有他可以让你笑得如花般灿烂，也可以伤你到永劫不复，久久不能自拔。也许是年少懵懂太冲动，也许付出太多，所以往往被伤的太深。受到了伤害，才一点点明白，应该如何去爱，如何去付出，如何去珍惜。

小米是个非常活泼外向的姑娘，加上颇俊美的外貌，导致追求者众多。其中一个男孩一阳，虽然没有高大英俊的外表，没有多金的家室，凭借着一颗真心，打动了小米的芳心。小米觉得一阳就像是另一个自己，他是那么的了解自己，不管什么事，自己还没有开口，一阳却能很准确地说出她的想法。一阳对于小米，就像是大树蒙荫着小小的枝芽，不仅可以得以滋养，还非常有安全感。小米时常觉得，这么有默契的伴侣，很难再找到了。虽然已交往5年，但是一阳其他方面的不足，时常让自己犹豫再三。虽然任何事情，一阳都让着自己，但不够帅气的外貌，不够有钱的家室，工作虽然稳定但收入一般。小小的虚荣心下，小米时常不知足，她内心渴望找到多金的男友。

在一次工作中，小米认识了一个高大多金的男人天浩，他是公司的甲方客户，人不仅高大英俊，工作能力也很强，除此之外，有车有房。当天浩表达出对小米的爱意之后，小米的内心越来越犹豫了。最终，小米没能抵挡天浩的爱情攻势，与一阳提出了分手。一阳得知这个消息，犹如晴天霹雳，但是他仍然给了小米一个出路，只是淡淡地对小米说："再不会有谁像我一样那么对你好了，你多保重"。

分手后的一阳，经历了很久，才走出阴霾，可是他好像很难再像爱小米一阳去爱一个人。也许时间是良药，当遇上值得付出的人时，他可以再爱，但也许，更多的是如何保护自己。而小米，和天浩在一起之后，总要顺着天浩的脾气，日子过得比以前难过许多。虽然天浩比一阳多金，可是再多终究也不是自己的。每当想起一阳对自己的好，小米的心就像被刀割了一样的疼。最终不堪忍受这样的恋爱关系，而与天浩分了手，而一阳却再也找不回来。错失爱情的小米，终日郁郁寡欢。

晓　说

人的缘分或许真的是天注定的，机会往往也只有一次，年少轻狂时，不懂得珍惜，回头再看，却再也找不到昔日的甜蜜。甜美的恋情，却没有珍惜，不得不说小米是非常遗憾的，恐怕心头所剩的心思唯有追悔莫及了。残忍的人选择伤害别人，善良的人选择伤害自己，实际上，不管是哪种人，斩断一份感情，都是伤人伤己的。

事已至此，故事中的人都应该挥别往昔，努力向前看。错过纵然遗憾，可是从失败的恋情中学到经验，争取在下一段感情中避免。一阳可以努力拼搏事业，他应该知道，光有一颗真挚的心是不够的，要想呵护女人，还要给她良好的生活环境。而小米，需要她懂得的最重要的事情就是踏踏实实寻找感情的归属，寻找一颗适合她的心，外在的条件只能是辅助作用。鞋子合不合脚，只有自己知道，如果鞋子不合脚，那么再好看的鞋子，都不能穿。

幸福秘方

凡事紧要向前看，错过就是错过了。当失去一切时，不要妄图挽回。就像崭新的瓶子，不经意间打破了，再怎么复原也都带有伤痕。两个人之间如果存在着伤痕，再怎么努力，也无法回到从前。最好的办法就是将以前的快乐牢记心底，从失败中找寻经验，谈一场成熟的恋爱。人生不过几十载，如果总被一件伤心往事牵绊，那么生活将会失去很多乐趣。如果双手牢牢捧住昨天，又怎么腾出双手去拥抱明天。错过纵然伤心悔恨，但殊不知，这恰恰也许是你走向成熟，拥有更美好恋情的基石。

前任，离得越远越好

据统计，在所有的感情杀手中，“前任”可谓是一个超级杀手锏。不少男人女人，总对前任有一定依赖性。很多情侣都因为一方与前任联系而闹心，而新的感情也因为前任的存在而摇摇欲坠。也许会有人说，与前任只是朋友关系，并无其他。有句俗语说得好：“分手后能与前任继续做朋友，要么当初没爱过，要么还在深爱着”。无论是哪一种情况，都会让人闹心，最好的方式就是两人成为最熟悉的陌生人。

断绝彼此的联系是分手后要做的第一步，但表面不联系，心里却走不出前任阴影的做法是极其不明智的。不少女性回头看过往，都会发现自己曾经爱过的人实际上只是个“人渣”。谁年轻的时候，没爱过个把“人渣”。“人渣”存在的意义在于，让我们发现自己还是很优秀的，而优秀的我们是完全可以找到幸福的恋情的。从前任身上锻炼情商，是任何书上都看不来的实战经验。我们学会了如何看透谎话，如何强大内心。与前任分手后，要摒弃所有他带给你的负面影响，远离他所带给你的种种心里负担。

《中国好声音》第三期里第一位女嘉宾伍佳丽说，她之所以上台，更重要的原因是为了证明给前男友看，自己可以很优秀。据说前男友和她的分手理由是：她太矮了！而这样的例子多如牛毛，有的虽然分了手，彼此不再联系，却在心里负载着前男友给的种种影响。

就像那英老师所说：他有两米高吗？还嫌你个子矮，说什么你长得不漂亮，让你千万别出去丢人。那英老师说话很直接，却一语中的。为什么自己的好坏美丑是由别人说了算，自己果真就那么没有信心，他不爱你，但不是人人都像他一样不爱你。

晓　说

远离前男友，并不仅仅是形式上的不联系，更重要的是在心里卸除前任的种种影响。像伍佳丽这样的女孩很多，迟迟不能走出那段阴影。自己觉得自己优秀就可以了，为什么非要像前任证明，非要他人后悔？如果生活在赌气之中，就算赢了，又能证明什么？以这样的方式去赢得一个肤浅的人的忏悔，又有多少必要。他要是真心爱你，不用证明任何事情，他也是爱你的。而他不爱你，哪怕就算做了感动天感动地的事情，他也仍然是一副铁石心肠。

晓晴和德嘉是新婚小夫妇，两个人并无其他矛盾，但是晓晴时不时地与前任男友的短信联系，总是让德嘉心声不满。而晓晴总是很委屈地说，与前任只是好朋友而已，并没有其他的感觉。德嘉认为晓晴与前男友总是藕断丝连，旧情难忘。两个人总为此事争吵，谁也说服不了谁。好好的感情，都快被这件事给磨丢了。

晓　说

与恋人分手，到底该不该再联系，一直都是一个热议的话题。与过去的恋人藕断丝连，其实就是在伤害现在的爱人，损毁自己的婚姻。谁不渴望有份纯洁的爱情，有个圣洁的婚姻。人都是自私的动物，都是排外的，谁也不想自己的恋情当中夹杂着其他的人。没有哪个人会希望自己的女人与前任男友继续做朋友的，自己有没有信心把握自己的女人是一回事，但是自己的女人没事就与前任联系则是另一码事。旧情就像婚姻中的沙砾，虽然不大，但到底影响着婚姻。最好的解决方式就是将与前任的故事沉淀于心底，与现任谱写美好的明天。

已婚男人，女人的头等大忌

有人说：在对的时间遇到对的人是一种幸福；在错的时间遇到对的人只能是一声叹息。其实，人生本身就是一种缺憾美，种种遗憾才能衬托拥有的珍贵。但一个女孩，若是因为头脑不清醒而当了婚姻或者情侣关系中的小三，那么遗憾将演变为终生的怨恨，所剩唯有一地伤悲。

不知从何时开始，婚外恋愈演愈烈。以前是多么的大逆不道，现在竟然也司空见惯了。也许人们生活水平提高了，男人的荷包鼓了，心也随之痒了。终有一天，他们遇到合适的小姑娘，在“成熟”、“稳重”、“事业有成”的外衣下，居然能让小女孩相信他们是何等的“专一”。作为女孩，青春的年岁，花般的容貌，多少白马王子可以追求，多少男孩的主动示好，她们却偏偏情有独钟有事业的成熟男人，而这样的男人往往已是名草有主。

已婚男人之所以比未婚男士拥有更大的吸引力，一是因为他们有丰富的阅历，不论生活还是爱情，他们都是过来人，拥有足够的经验。二是他们已经被女人严加调教，所以更加懂得女人的心。无须你多言，他们即知你想听什么，想要什么，讨你欢心。而女孩往往难以抵挡如此的诱惑，对方成熟稳重而又懂得女人的心简直万般难得，过不多久便彻底沦陷。加之已婚男人通常有充实的物质保障，为女孩花钱向来大方。因此，比起经济适用型的未婚男人，已婚男人简直满足了女孩所有的梦想，难怪婚外情越来越为普遍。

爱情往往会让人冲昏了头脑，可这样的感情真的是爱情吗？别人用现成的经验，加之一点金钱，还有一些你还未经历过的谈吐，为你造就一个爱情的假象。就像变化多端的云彩，虽然美丽，但早晚都会悄悄溜走。所以，对已婚男人抱有幻想的女孩，一定要早早断了念想，不要做傻事，一旦陷入这种畸形的感情，付出惨重代价的永远只有自己，何况此种做法还会伤害另一个女人。

当你满心满意付出你的全部感情时，人家只不过是尝个新鲜。为了证明自己的魅力也罢，为了找回年轻时的感觉也好，无论如何，他都无法给你最真挚的承诺。虽然结婚证书只是薄薄一张纸，但它也是一个人对你海誓山盟承诺的证明。如果一个人无法承诺你婚姻，那么你在他眼里就是一文不值的。试想他都没有兴趣打算与你相濡以沫，他又能有都爱你？也许过一段时间，他就另寻它香了。

小玥是在世界500强企业工作，工作非常繁忙，常常要出项目。每次出项目的时候，基本都和男同事们一起出差。虽然很荣幸每次都是小团队里的“党代表”，但是寂寞和空虚填满了她的心灵。她没有时间和同伴聊天逛街，没有机会和家人朋友一起交流，因为长期出差，她不禁和已婚项目经理产生了暧昧。

不知道谁先产生了感情，但是好像感情就是自然而然地培养出来了，心灵也因长期磨合而变得非常默契。小玥以为这就是老天赋予她的爱情，可是处在婚姻中小三的位置，又时常让她苦恼。每次提及这个事情，经理总是含糊其辞。好像老婆也不是不好，但又不那么好，而小玥也是他不愿抛弃的。

虽然明眼人一看都明白的事情，但是当局者还是陷了进去。背负着强烈的道德谴责感，小玥在经历了痛苦的心理折磨后，断然辞职与经理分开。分手后的小玥，认识了她生命中的 Mr. Right，一起幸福的生活。回首往事，她简直不敢相信自己会陷入如此的一段恋情，没有哪一点可以证明已婚男人是真心真意的。拥抱着幸福生活的小玥，很感叹自己可以走出迷雾，并且最终看清楚了已婚男人的真面目。

晓　说

小玥是不幸的，也是幸运的。虽然与已婚男人的恋情伤透了心，但是她及时的退出让她拥有了美好的生活。女人，一定不能让感情控制了理智，面对自己喜欢的男人，不要轻易地付出一切。想想他是有家庭的，再想想自己能获得的东西几乎是一无所有，还要因为一无所获而痛彻心扉。不如找一个值得与之在一起的男人，哪怕他没有太多经历，他不那么会哄女孩，挣得也许还不是那么多。但是他一整颗心都是给你的，爱你的，那么你们可以一起变成熟，一起努力拼搏，你们的爱情是同步成长的，这样的爱才是牢靠的。

幸福秘方

也许我们无法阻止感情的产生，但是正如中国古语所云："发乎情，止乎礼"。谈感情是可以的，但是不能逾越礼法的界限，不能因为爱情就做出逾越礼法的事情。插足别人的婚姻，不仅道德上要受人非议，最难过的就是伤害自己的本来就脆弱的内心。天下未婚的好男人多如牛毛，大可与其中一个正大光明地谈场恋爱，享受恋爱。因此，女人们一定要谨记：远离已婚男人！

经济适用男，新时代的最佳选择

对于女人来说，找一个爱自己的男人至关重要，其次才是男人的条件。高帅富的男人少之又少，而太贫困的男人又难以忍受，因此中庸的经济适用型的男人越来越走俏。找到经济适用男的女人会说："比我老公顾家的没我老公有钱，比我老公有钱的没有我老公顾家。"相比寻找"金龟婿"，越来越多的女人把目光投到经济适用男的身上。

根据网络的定义，经济适用男是指身高一般，发型传统，相貌过目即忘；性格温和，工资无偿上缴给老婆或者 AA 制；不吸烟、不喝酒、不关机、不赌钱、不泡吧，无红颜知己；月薪 3 000～10 000 元，有支付住房首付的能力；一般从事教育、IT、机械制造、技术类行业的男人。经济适用男的经济条件不如高帅富，但比普通职员又有很大程度的优势；此外比起顾家与责任感，经济型男人却又领先于高帅富。"我给不起宝马，但我可以当牛作马。"已经成为经济型男人的流行标语。

◇ 物质尚可

虽然经适男的经济实力比"奢侈品"男低一截，但是拥有良好技能的经适男，凭借自身的本领，也能获有"颇丰"的收入。有别于奢侈品男，经适男有了收入，基本都上交老婆，由老婆掌控。一个男人有多爱你，不是看他有多少钱，而是他给你多少钱。和经适男在一起，绝对的放心，掌握了家庭的经济命脉，就不用太发愁男人的离开。

曾经有个这样的故事，姐妹三人因为择偶的条件不同，导致了三种迥然不同的生活。大姐一门心思想找富豪，在几经努力后，终于成功嫁入豪门。但婚后一年，富豪厌倦了只同一人相处，开始花天酒地，只剩大姐一人独守空房，心灵极致空虚。二姐想法很踏实，就找条件合适的经适男。结婚后，老公无不良嗜好，收入上交，大小事情都尊重二姐。对家庭付出很多，努力照顾二姐与孩子，一家人和和美美地过着开心的日子。三妹眼光甚高，不仅要求经济条件，从外貌到爱好，均有所要求，因此至今未嫁。

人没有完美的，经适男已是集众多优点于一身，虽然没有特别突出的，但也无弱项，过起日子来，颇为省心。

◇ 感情专一

大多“经适男”的感情都颇为专一。他们觉得自己的条件还不够优秀，也深知自己没有能力拈花惹草，因此踏踏实实地将自己的精力奉献给老婆、孩子。一般技术工类的男人，生活大条简单，基本就是单位和家两点一线，没有太多机会结识红颜知己。与一些“凤凰男”相比，其优点在于“经适男”的感情比较稳定，本身没有经历过从无到有的经历，不容易出现“子系中山狼，得志便猖狂”的嘴脸。守着“经适男”，不用太担心一某天他得志了，便落得抛妻弃儿的下场。

“经适男”大多很有责任感，拥有大局观念和家庭观念，相对来说，是比较成熟的一类人。他们不会因为他高兴而对你特好，因为他不高兴而对你不理不睬。在他眼中，始终都只有你一人，哪怕在他烦躁不高兴的时候，他都会尽力哄你高兴。“经适男”与你平起平坐，不会出现看不起你或是只把你当宠物养的局面。他们爱你，尊重你，让你生活的幸福开心。

◇ 容易得宠

“经适男”不像“高富帅”那样交往过众多女性，也许“经适男”在你之前仅仅经历过1—3段感情，也许还有一段连手都没出碰过的初恋。对于感情神经大条的理工男们来说，你给他做几道可口的饭菜，给他是一个小小的惊喜，或者带他享有一点小浪漫，这些就足以让他感动得手足无措。在他心中，你立即化身为女神一般。在知道自己笨嘴笨舌的前提下，如果你生气了，经适男肯定会紧张到都不知道要怎么哄好你。你只需一点点女人味，使一点小伎俩，就可以将他牢牢握在手掌心中。

“经适男”由于所学较为机械，也许浪漫的想法会少一点。比起富家公子的浪漫手段，“经适男”简直处于刚刚开化阶段。在此阶段，女人完全可以将自己的爱好培养于他，两人一起研究，共同切磋。在他心中，你就是多才多艺的又懂得浪漫的天使。对于如此一位不可多得的人间天使，他们定要小心将你捧在掌心，好好地呵护你，爱惜你。

幸福秘方

经济适用男属于人群中的大众，既没有很好的条件可以炫耀，但也没有糟糕的条件而郁结。他们是比上不足、比下有余的大众群体。工作稳定，可以尽力支持养房养车；感情专一，懂得疼惜自己的女人；有点爱好，可以与你一起品味小资生活。经适男大多没有不良嗜好，就算抽烟、喝酒也是适可而止，喜爱干净整洁的他们，很大程度上减少了女人的操心劳累，是非常不错的生活对象。

女人恋爱必看的十部电影

序号	电影名称	内容真谛
1	《茜茜公主》	纯真与童话
2	《罗马假日》	时尚与永恒
3	《简·爱》	尊严与平等
4	《人鬼情未了》	执著与永恒
5	《乱世佳人》	乐观与自强
6	《钢琴课》	觉醒与勇气
7	《卡萨布兰卡》	奉献与放弃
8	《怪兽婆婆》	亲情与爱情
9	《廊桥遗梦》	理智与责任
10	《金色池塘》	人生与幸福

相濡以沫

婚姻生活篇

传说中的四叶草是夏娃从天国伊甸园带到大地上，花语是幸福。

花之物语——四叶草的幸福

四叶草又名幸福草，一般只有三片小叶子，叶形呈心形状，叶心较深色的部分亦是心形。在十万株苜蓿草中，你可能只会发现一株是“四叶草”，因为机会率大约是十万分之一。因此“四叶草”是国际公认为幸运的象征，隐含得到幸福及上天眷顾。

关于四叶草，还有一个很美的传说。

以前有一对恋人，他们真的很相爱，一起住在一片很美的桃林里，但是因为一件特别小的事，他们闹别扭了，彼此不肯让步，终于有一天，爱神看不下去了，她飘到他们住的那片桃林，悄悄撒了一个谎：告诉他们前方会有难，只有在桃林的最深处找到那片四叶草才可以挽救他们，他们听后装作十分无所谓，可是心里还是为对方担忧着，那晚下雨了，是暴雨，可是他们仍偷偷为对方到桃林最深处寻找四叶草，当他们知道对方都很在乎自己，都好感动，决定让四叶草见证他们的爱情，爱神笑了。

这是爱神开的一个玩笑，因为她并不想让幸福来得过于容易，只有彼此在乎，彼此珍惜的人才配拥有幸福！

四叶草的每片叶子都拥有不同的意义，当中包含了人生梦寐以求的四样东西：第一片叶子代表真爱（love）；第二片叶子代表健康（health）；第三片叶子代表名誉（glory）；第四片叶子代表财富（riches）。当一个女人的婚姻拥有了这四方面的美满，那么这个女人就拥有了如四叶草般的幸福。

释放能量，给予彼此独立空间

面对日益上升的离婚率，越来越多的人感叹：婚姻就是爱情的坟墓。结婚以后，恋爱的激情逐渐平淡，取而代之的是现实生活的种种牵绊与烦恼。两个人一起面对的不再是风花雪月，而是柴米油盐；两个人不再一日不见，如隔三秋，而是日日朝夕相处。有了更多的时间一起相处，不少女人开始步步紧盯对方的生活作息，什么都问，什么都查，导致爱情需要的空气越来越少，最终会因为缺氧，而让爱情之火熄灭。

曾经有个女孩在出嫁之前问她的妈妈，如何才能让爱情之火永不熄灭？妈妈什么都没有说，只是找来一把沙子，握住沙子，女儿看到沙子并没有漏出来一粒。随后，母亲用力握紧手心，沙子纷纷从指缝间滑落，待母亲张开手掌，沙子已所剩无几。手里的沙子握得越紧，沙子滑脱的越快越多。爱情也是一样，在婚姻生活中，若想呵护来之不易的爱情，一定要留有独立的空间。就像手里捧了一把扬沙，小心地合上手掌，温暖它，而不是紧握它，逼它离去。

婚姻中的男女，仍然需要保持独立的个人空间，享有自己的爱好，拥有各自的朋友，追求属于自己的事业。切忌不可太依赖于对方，让自己变为对方的傀儡，亦不可太控制于对方，俗语说：己所不欲勿施于人。不要妄图去主宰两个人的生活，婚姻中的两个人，管好各自的生活，才是最主要的。夫妻就像两只相互依靠彼此来取暖的刺猬，离得远了，体会不到对方身上的温度，可离得太近，又会刺伤彼此。最好在一次次磨合之后，掌握一个合理的度，为婚姻保留空间，让婚姻幸福美满，长久和睦。

小韩最近很苦恼，新婚一年，却越来越不想回家。同事们下班后都兴奋地奔向家中，而他只想在办公室加班。并不是工作狂的小韩，实在不知道如何解决，于是找到了心里专家咨询。

“你以前会不想回家吗？这种状况何时开始的？”心理医生问他。

“以前不会这样，从结婚半年开始，现在越来越严重了。”小韩回答道。

“你们结婚以前相处愉快吗？”心理医生继续问道。

“以前很愉快，可是令人奇怪的是，结婚以前，老婆吸引我的地方恰恰是我现在讨厌回家的原因。”小韩无奈地说着。

事情的缘由是这样的：小韩是个个性很独立的人，而他老婆是很关心人、依附性很强的小女人。婚前无论他去哪里，老婆都时刻嘘寒问暖，让他感觉十分贴心。开车的时候，老婆会提醒注意安全；上班的时候，老婆会打几个电话提醒自己喝水，工作上的事不要太发愁。在这种甜情蜜意的柑橘中，小韩觉得这才是他要找的老婆，一个懂得关心人的老婆。结婚以后，老婆感觉自己的使命更加重要了，因此更加关心小韩。如果小韩下班一小时还没到家，就要打电话询问。如果不能确定几点下班，那么每隔十几分钟，小韩都会接到一个电话。早饭吃了什么，中饭吃了什么，有没有喝水，老婆都会时刻关心他。平日的饮食也要由老婆做主，什么能吃，什么不能吃；穿的衣服也是老婆买好，哪件能穿，哪件不能穿。在这种过度关心下，小韩愈发地透不过气，感到都快窒息了，自己没有一点空间，真的很想逃离这样的婚姻。

晓　说

故事中的女主人不是不好，反而是太过于好。古语云：过犹不及。做得太过了，还不如做得不够火候。小韩的老婆是个非常贤惠的女人，她料理了自己男人的一切，并且时时刻刻关心着他。没有人能说她不好，但是这种好，又有几个人能享受？当一个男人任何事情都没有了自己的空间，他不会觉得对方可爱，不会觉得对方贤惠，唯一能感觉的就是苦恼，他会觉得自己找了一个超级管家。男人都是喜欢自由的，他们不喜欢过多的束缚。对待男人不能像对待自己的宠物、玩偶，他们需要的，不是你尽心尽力给他们的一切，有时候少做一点，少问一点，多给点空间，会让他们更觉得你可贵。

幸福秘方

男人好比手中的风筝，如果你一直紧攥在手里，不让他飞翔，对他来说是多么的痛苦；而你时时紧握，也会增加自己的负担。要勇于把风筝放出去，让他拥有自由，让他拥有可以追寻的事情，而你只要在适当的时候收收线，盯着点他就足够了。千万不要让男人觉得窒息，一旦他们想逃离，爱情之火就无法继续燃烧。而对于女人来说，全部心力付出在一个男人身上，却没有得到应有的回报，是不是也是一种悲哀？因此，一定要在婚姻生活中找到合适的尺度，既不疏于关心，又不让人窒息，能各自享受自己的空间，也能陶醉于美好的二人世界。

不做“黑漆漆”的醋瓶子

世界上有为了减肥而不吃饭的女人，却没有为了爱情从不吃醋的女人。女人因天性所致，大多都会吃醋。爱情是自私的、排他的，若有其他人向自己的男人示好，或者男人稍微多关心了一下别人，女人几乎都会在心中荡漾起一圈圈的醋意。说起吃醋，心里必然是酸溜溜的、涩涩的。这酸涩里面，有一丝妒忌，有一丝惆怅，有一丝苦楚，还有一丝哀怨，但混杂的更多的，恐怕是心中满满的爱。正因为爱得深，爱得浓，才见不得别的女人对他好或是他对别的女人好。

真正是因为心中有爱，你的娇嗔、你的醋意，会让男人更加爱你。那种吃醋心酸的小表情，实在是惹男人喜爱。适度的醋意就像婚姻的调味品，适当调节下生活，为生活平添情趣。但是，如果动不动就打翻醋瓶子或者始终如一的当一个黑漆漆的醋瓶子，那不仅不惹人喜爱，还会让男人酸得受不了从而逃避。有人说：吃醋是一门学问。一如烹饪的学问一般，作为作料，少了味道进不去，多了酸味太浓，而量适宜，则恰到好处不酸不淡，意“味”悠长，令人回味。

◇ 适当吃醋

女人要学会适当吃点醋，如果对于自己中意的人，一点醋意都没有，那么恐怕也许会失去自己的意中人。在刚谈恋爱的时候，女人还比较矜持，不太表现自己对男人的喜爱，男人往往通过一些小事来观察女人有没有醋意，从而判断女人对自己有没有爱意。

上学的时候，班里有一名大帅哥，想追年级最漂亮的女生，可是这个女生总也没有示好的意思，令帅哥心里没有半点主意。于是，帅哥主动去追求另一名女生，想看看那个漂亮女生有没有一丝丝的醋意，但凡有一丝丝的醋意，帅哥都会心里有谱地去追求她。可是事情发展到最后，那名美女也没表现出任何醋意，令帅哥大为失望，于是和追到的女生在一起了。

漂亮的女生其实心里很中意帅哥的，但是出于矜持，出于高傲，她既没表现出来喜欢的意思，也没流露出一点醋意，就那样冷眼旁观帅哥的一举一动。她虽然心里很喜欢帅哥，但是看到帅哥追求了别人，尽管心里酸溜溜的，但是为了表明不在乎，她也和一个很一般的男人在一起了。

毕业的时候，帅哥喝多了酒，终于对美女说出了这一切，美女才知道帅哥一直是喜欢她的，两人不禁各自悲哀。虽然男生的方法不是那么明智，但是美女只要稍微流露一下，收起内心的高傲与矜持，有好感的两个人就会走到一起，也不会留有遗憾。

晓　说

很多时候，男人很喜欢看女人吃醋的样子，在那几分醋意里，他们看到了女人对他们的爱，对他们的占有欲和控制欲。男人偶尔会引别人注意，与别的女子谈笑风生，其实很多时候，就是想看看你急不急，气不气。正所谓醉翁之意不在酒，他真正在意的全是你的心思。在这种情况下，女人必须要适当地表现出醋意，这样才不会错失什么，留下遗憾。而那一丝恰当的醋意，还能让男人来哄你、安慰你、爱你。

◇ 不做漆黑黑的醋瓶子

女人若吃醋吃的恰当，就是生活中一味完美的调味品。但若过度吃醋，则是对对方的人品和两个人之间的爱情极度不信任的表现。

这种吃醋，对人对己都是一种不堪忍受的束缚。

《红楼梦》里的凤姐是有名的醋坛子。贾琏与鲍二家的有染，她在生日那天大哭大闹，不但逼得贾琏道歉，还逼得鲍二家的自杀了。后来她得知贾琏偷娶尤二姐，又使计，笑里藏刀，硬生生地逼得可怜的尤二姐吞金自尽。两条人命让她的醋坛子打翻后逼死了，而她自己最终也落得个被休出家门，悲惨死去的地步。

曾经有对朋友，夫妻其他方面还算是恩爱，但是女主人的气量非常的小，常常为一点小事而横飞醋意。比如男人如果去开会，单位的座机是别的小姑娘接的，女主人都要盘问，发狠地教育男主角半天。如果男人上街看到了美女，那更是不可饶恕的罪过。男人但凡出门，哪怕是买东西，也不能跟售货员多交流几句，否则就会遭到女主的指责。过度的醋意，会让自己亲手毁掉自己的爱情，这对朋友的男主角就生活的非常痛苦，不知还能支撑多久。

幸福秘方

女人，千万不要为了芝麻大点的小事而大发醋意，那样既看不出来你可爱，还通常被冠以泼妇的头衔。中国有句老话，“天下本无事，庸人自扰之。”很多事情自可不必理会，就算是理会，也是娇嗔地撒个娇就足够了，如果上升到原则问题，而对男人不断地盘查耍横，那么迟早会逼得男人厌烦你、远离你。而幸福，也终将会离你远去。

婆婆大人驾到

婆媳问题，可谓是中国社会一个经久不衰的热谈话题。世间不是没有好的婆媳关系，只是太少太少，少的让人误以为没有。大多数的家庭，不是与婆婆遇到了这个问题，就是与婆婆出现了那样的矛盾。而老公，更像是个鸡肋，既帮不上婆婆，也哄不好媳妇，若想着两头哄，反而更容易弄巧成拙，搞的一家人都疲惫不堪。

刚新婚的小两口，一般都是自己甜蜜地度过幸福的二人世界。随着时间的流逝，两个人慢慢地磨合出一个新型的家庭生活模式。此时也许公公婆婆会来看望儿子，要和你们住一段时间。也许你们就要有小孩了，所以公公婆婆前来照顾你们的生活。婆婆大人一驾到，生活习惯不一样，思维方式不一样，性格与行为处事的差异自然而然就衍生出不少矛盾。如何化解这些矛盾，通常要看个人运气与智慧。

婆婆大抵分为这么几种。

第一，凌厉型。就像《双面胶》里亚平的妈妈，骨子里就透着一股护犊子的劲头，连媳妇多吃一块肉都不行的。这样的婆婆是最为厉害的，她一辈子为了丈夫和孩子，辛辛苦苦，好吃的都留给丈夫和孩子，没有自我。当她做了婆婆，就拿自己所做的作为标尺，来要求媳妇也做到。

第二，阴险型。表面上或者说当着老公的面，对你嘘寒问暖，对你体贴备至，对你恨不得低三下四。当老公不在的时候，本来的面目就流露出来，让你可劲儿地伺候她。没事还在背后跟老公说你坏话。

第三，甩手掌柜型。这样的婆婆操劳一辈子，再也不愿意管儿孙的事情，当你苦的要死要活，没人帮你搭把手的时候，就算你求她，她也不会管你。

第四，恋子情节。此类型的婆婆大多丧偶或是与老伴感情一般，满腔热情都投给了儿子，恨不得让儿子帮着搓澡穿衣的。时时表达对儿子的爱，让人无法直视。

第五，识大体。这样的婆婆也许没受过多少教育，但是识大体，讲道理。也许令人不满意的是她的生活习惯，或是她带孩子的方法，矛盾虽有，但总容易化解。

第六，好好婆婆。这样的婆婆是人人都渴望拥有的，她们懂得站在对方的角度考虑问题，就像自己的妈妈一样，呵护自己。

将婆婆大致分了类型，便于分析如何应对不同类型的婆婆，也利于女人自己分类，看看自己将来要当哪种婆婆。

第一种类型——凌厉型。

此种婆婆很难应付，她几十年如一日积累的思想很难改变。女人在结婚前，就应当考察男方的家庭，尽力避免此类型的婆婆。婚姻并不是恋爱，只要两个人好就好，如果婆媳关系不好，也会成为婚姻的一个阻力，影响幸福。而一个极端自私的婆婆教育出来的儿子，通常也会非常自私，因此女人在婚前就应睁大眼睛，好好考察对方极其家庭，以免日后追悔莫及。对于此类婆婆，最好的方式就是尽力避免合住。合住在一起，难免自己沦为了她家的免费保姆。再软弱的女人，对于这样的婆婆，都要变得强硬，该讲道理就讲道理。如果婆婆浑不讲理，那就分开。婚姻中，有些原则必须坚持，如果这些矛盾影响到了小家的幸福，那么必须以小家幸福为前提。逢年过节表表孝心，也算是对老人的一种感恩。

第二种类型——阴险型。

对于此种婆婆，必须修炼自己的智商，与之斗智斗勇。不要期望老公会站在自己这边，一般这样的婆婆所说的事情，老公都会深信不疑。不要为这样的事情伤心生气，既然婆婆不是真心真意待你，那你也要有所保留，向婆婆学习，以其人之道，还治其人之身。老公在的时候，多表现一下，老公不在的时候，也不要太上赶着。切忌不要总让老公看见婆婆对你的好，而你却做得很少，这样只会使老公越来越相信婆婆，而你的抱怨，只会让老公深信你个人有问题。总之一个大前提，表面互敬互爱，不要给老公和自己的家庭找麻烦。

第三种类型——甩手掌握型。

这样的婆婆来了，也不会太为叨扰。更像是国外的婆婆，和你客客气气，也不会帮你做什么。不要怨恨老人，她们付出了一辈子，也可以做点自己想做的事情。难题自己多想办法，有时不用与婆婆相处，也省去很多麻烦事，不失为一种好的婆媳关系。

第四种类型——恋子情节型。

此种类型也比较难缠。婆婆就像婚姻中的第三者，时时关心着老公，问候着老公，而你却又不能说什么。有时看到过度的关爱，也只能在网上抱怨一下。此种情况，只能教育老公，让老公知道这是一种不正常的家庭行为。不少老公常年习惯于此，并不觉得有何不妥，因此需要女人时时提点。至于婆婆来了，最好先是睁只眼，闭只眼。一下子提出，人家母子会以为你没事找事，挑拨矛盾。只能生活中慢慢提醒着，只要不是特别变态的关爱，忍忍也就过去了。

第五种婆婆（识大体）和第六种（好好婆婆）。

并不需要多说，也许和她们在一起生活也会有矛盾，但是通常都会互相接受意见并且改正，就算住在一起，也会越住越和谐。

幸福秘方

一般能磨合出来的，都是婆婆并没有极致变态的，而像电视剧中的极度变态的婆婆，一般都以悲剧结尾了。因此，女人最重要的是婚前就考察好对方的家庭，这是至关重要的。家庭不是两个人的结合，更是两个家庭的结合。对方是什么样的家庭，直接影响到了你以后的终身幸福。当然，老公的作用也是不可小觑的，若真找了一个鸡肋的老公，就必须修炼自己的情商，扩大自己的胸怀，见仁见智地处理每一个矛盾。无论如何，都不要牺牲自己和小家的幸福，小家才是一切幸福的前提！

会撒娇的女人最好命

世间百分之九十九的男人都喜欢会撒娇的女人。漂亮的女人不一定能制服得了男人，但是会撒娇的女人确是男人的克星。撒娇是女人的杀手锏，此剑一出，必点男人们的死穴。再刚毅凶猛的男人也难挡女人的娇声嗲气，不自觉的肠骨都柔软下来。会撒娇的女人比不会撒娇的女人更能打动男人的心，并获得周围朋友们的喜爱。

女人会撒娇，不仅能斩获男人的心，还容易化解各种矛盾与危机。看似不能转圜的事情，在女人的柔情似水里，消失得一干二净，任何事情仿佛都游刃而解了。台湾作家罗曼夫曾说："会撒娇的女人能为自己和家人带来福气，不止一生好命，身边的鸡犬也跟着升天。"撒娇的女人浑身上下都不自觉地充满了女人味，让男人心甘情愿地折服。有男人拜倒于裙下，有朋友围绕于身边，有贵人的时常相助，会撒娇的你将获得幸福精彩的人生。

曾经有这样一个真实的故事：从前有一位大老板，生意失败后负债破产，妻离子散。落魄的他只好向家人借了点钱，跑到工业区的路边搭起一个小吃摊，靠卖卤肉饭和小菜来赚点钱度日。

然而，工业区里灰尘多，往来车辆的废气也多，很多附近的工人来吃了一两次，就抱怨连连，说吃饭配沙尘宁可去自助餐厅包便当回工厂吃，也不想再来。从此，他的生意一落千丈。

有一天，一位附近电子工厂的女作业员跑来吃饭。当天风很大，她的饭碗中飞进了不少的沙子，她每吃一口饭，都必须把嘴里的沙子吐在桌上。

这位落魄的老板看了心中很不安地说："抱歉！今天风大，好像吃了很多沙子吧？"

谁知那位女作业员却摇摇头撒娇地说："不会啦！也有很多米饭呀！"

落魄的老板听了，眼眶泛红，说不出话来，只忙着又从电饭锅里舀了一些饭到她碗里，然后又加了很多卤肉汁给她。

从那天起，这位女作业员几乎每天都来吃饭。每次她来，不但饭钱有折扣，饭菜也特别多。有时候，女作业员看落魄老板忙不过来，就主动帮忙洗碗或盛饭。她还帮老板出主意，把摊子四周围上透明塑胶片，这样不仅可以挡风沙，还让卤肉香味不易散掉。这个办法果然奏效，小吃摊的生意又好了起来。

最后，女作业员干脆辞掉电子工厂的工作，专心来帮落魄老板。由于她说话好听，又带点嗲气，附近的工人都喜欢来这里边吃饭边和她聊天。就这样，小吃摊的生意一天比一天红火。

几年以后，落魄老板重新回到老本行。他用经营小吃摊赚到的钱东山再起，事业蒸蒸日上，终于又成了大公司的老板，而老板娘就是那位女作业员。

晓说

故事中的男主人公，东山可以再起的很大一部分原因要归于女主角的撒娇功力，正是因为她的嘴上功夫，导致男人的小店铺越开越火，攒足了本钱重回老本行。也正是由于女人的甜言蜜语，斩获了勤劳肯干的男人的心。老人时常提起：男人的钱在女人的嘴上。女人嘴甜，经常能为男人带来好运，聪明的女人知道如何撒娇，如何说话。哪怕是很苦的生活，和这样的女人在一起，也能生活得像蜜般甜蜜。

幸福秘方

女人不要害怕撒娇，撒娇并不意味着这个女人就是嗲声嗲气，无病呻吟。如果一个女人直爽如男子般，男人通常只会把你当成哥们，而追求起男人来，也通常事倍功半。女人要放开心境，表达真实的自己，柔柔地说出你的需求，眼角再带有一丝丝媚意，就算男人看出你的小伎俩，就算他本不想从命，看了你的样子，他也会乖乖地唯命是从。

但是，正如脾气不可乱发，撒娇也不可以乱撒，如果不讲场合，不讲氛围，一股脑地撒娇，不仅不会让男人爱惜，反而会惹烦他们。一要注意撒娇不能太少，太少则令男人大感无趣；二要注意撒娇也需讲究一个尺度，不无目的地乱撒娇，会让男人习以为常甚至麻木，就像甜食吃多了，通常也会让人反胃；三要注意不要在不恰当的场合撒娇，有些正式场合，需要的是有气场的大女人，而不是撒娇的小女人，此时撒娇，只会让男人倍感尴尬。

女人会装傻，才能守候幸福

作为女人，任何女人都期盼自己能获得幸福，能让丈夫一直深爱自己，让子女敬仰自己，让家庭和睦而温馨。但是如何才能获得如此之幸福呢？答案唯有智慧，只有聪明有智慧的女人，才能妥善处理一个又一个的问题，化解一个又一个的矛盾，让人人皆以她为首，深深地爱她。而聪明女人能够顺利地处理问题与矛盾，很大程度在于她会“装傻”，该清楚的时候清楚，而该模糊的时候绝不打破沙锅问到底，如此的女人，才是男人的心头大爱。

有一种说法：当聪明男人遇上聪明女人，结果等于战争；当傻男人遇上聪明女人，结果等于绯闻；当聪明男人遇上傻女人，结果却是结婚。如此看来，傻女人的确有她的奥妙之处。当然，装傻的女人总需要几分聪明，只有大智若愚的女人，才是真正可以享受幸福之人。心中勘破一切，嘴上却不点透任何，这是一种胸怀，一种大智慧，外表上看来，却又让人觉得憨憨的，很可爱，如此一来，男人也都不忍心伤害于你。

男人不喜欢傻女人，此处的傻女人，就是那些自我感觉聪明，却时常办傻事的女人们。她们以为自己办事恰到好处，却不知道所做的结果与心愿已大相径庭。而男人通常也不喜欢聪明的女人。太聪明的女人，不懂得遮掩自己，处处都要吐露自己的聪明才智，让人觉得他人均望尘莫及。如若一个女人优秀到了没有任何男人可以相及，那恐怕也没有任何一个有点才智的男人会喜欢这样的女人。男人大多喜欢的还是会装傻的聪明女人，她们善解人意，她们小心呵护男人那颗敏感的心以及高贵的自尊，这样的女人，才是男人们的最终选择。和这样的女人在一起，男人的心是舒畅的、温暖的。

陶军和春丽是一对曾经幸福的情侣，可是不知何故，俩人的话题已经越来越少。春丽还是夸夸其谈地找陶军聊天，可是陶军总是一两句话就把她应付了，要不然就是沉默不语。春丽很伤心地质问陶军是不是不爱自己了，陶军只是简单地说了句："我们的思想水平不在一个层次上，聊天是话不投机。"

春丽是个主观性很强的大女人，两个人开始甜蜜的时候，不管春丽说什么，陶军都附和着。可是后来，不管陶军说什么，春丽都能搜罗一箩筐的话来反驳他，似乎春丽无所不知。有时候，陶军的看法明明和春丽一模一样，春丽也要先反驳，再用自己的"高见"来阐述一遍，时间一长，陶军自然就不愿意和春丽说话了。通常只是听听，而想说的时候，哪怕找同事聊天，也可以聊得舒心。如果陶军有些事情有自己的看法，比如他说有关政治、历史的问题，也会被春丽反驳掉。谈到自己钟爱的足球，也会被春丽的言语打击。总之在春丽面前，陶军压根儿得不到任何尊重，总是不顾情面地被批判。

晓　说

女人，再聪明，也要学会装傻，让男人体会到被人膜拜的感觉。

如果自己任何看法都表现得非常聪明，那么事实证明，此举是最最不聪明的一种做法。这样显耀自己的聪明才智，只会让男人生厌，时间一久，男人就不愿意再找你做听众，而他也懒得再听你的任何话语。如此一来，爱情都要被折磨得支离破碎。

此故事中，男人的做法无关爱与不爱，就算春丽无法给他想要的，他还是留在春丽身边陪伴她，只是他厌倦了春丽的言语，不再有投机的话语，不再有兴致与她聊天。男人找异性聊天，绝大多数不是找你寻求意见，而是倾诉。你只要静静倾听，偶尔膜拜一下，都能让男人得到一种由然的满足感。他那份大男子主义，那种保护欲、那种男人的威望，在你简单几句崇拜声中迅速崛起，你是能让他成为英雄般的人，他自然对你滔滔不绝。没有哪个男人是真正的神，也没有哪个男人会无所不知，也许他们所说在你看来还有些许幼稚，但是当一个傻傻的女人，去满足他的大男人的感觉，不失为一种真正的聪明。

幸福秘方

曾经有过一个同事，家庭幸福和谐，老公对她宠爱有加，年过40的人，看起来还仿佛30出头。别人问她秘方，她只笑答："女人要适当装傻，生活才会幸福。"比如开车，她可以开得很好，但是她总要让他老公开车，并且赞扬老公的车技。哪怕都找不到路时，女人就算知道也会左张右望地寻找路线，而不是骂男人废物，连路都不识。女人表现得弱势一点，男人才会把你当女人来保护。男人喜欢女人依靠自己，崇拜自己。你要是事事都比他强，男人的自尊心多少都会受到伤害。因此，女人一定要装傻，这样才能得到男人更多的爱和呵护。

无感情的婚姻是坟墓

女人，首先要对自己的婚姻高度负责，才能收获一个幸福美满的婚姻。在爱情越来越速食的现代，很多人结婚并不是因为有感情，而是各种各样的其他原因。比如男方条件很好，可以让自己衣食无忧；再者自己已经是大龄剩女，没有时间再挑拣，遇上差不多的就稀里糊涂嫁了；又或者一见钟情，连对方的底细都没有摸清楚，就时髦地闪婚了。有感情的婚姻尚且千疮百孔，何况没有太多感情基础的婚姻。如果你并不是真心地爱一个人，那他的缺点、他的不足，你真的能用真心去包容吗？

有感情的婚姻生活就像是淳淳流动的溪水，滋润着声息，流向幸福的彼岸；而无感情的婚姻生活就像是一潭死水，随着日照而逐渐干涸。没有心灵滋养的婚姻，仿佛走入了坟墓一般，让人看不到阳光，看不见希望，只能日复一日地忍受死一般的沉寂，当心灵之花也枯萎，黑暗的墓地将会把你吞噬，一起陪葬于死水般的婚姻。

也许，有些人是幸运的，结婚的时候虽然没有经过全面考察，但在婚姻生活中，逐渐与对方培养出了感情。不管是因何原因步入的婚姻殿堂，首先要做的，都是要培养浓厚的感情。有感情的婚姻才是欢乐的、幸福的，才是心灵可以依靠的彼岸。不管感情基础如何，都要与自己白头偕老的那个他努力去生活，努力爱对方，有了感情就好好相守。如果婚姻走入了死穴，努力挣扎却看不见出路时，可以静心思考一下，是否可以给自己和对方换一条出路。放过自己，也放过对方，既然不能培养出感情，就放手去寻找合适的感情。

薇薇是一个内向腼腆、长相并不十分出众的女孩，她的交友范围并不广泛，但她在网上遇到了一个条件颇为不错的男孩。男方家经济基础颇为扎实，有房有车，男孩的自身条件也尚可，帅气的外貌以及良好的工作。再谈了很短的时间里，虽然男孩并没有十分热情地对待她，虽然薇薇对这个男孩感觉也很一般，但是男方的条件颇为让她动心，想着自己以后可以过上稳定的生活，薇薇还是比较看好这段婚姻的。由此，二人匆匆地走入了婚姻的殿堂。

婚后，本来应该幸福甜蜜的薇薇察觉到了一丝不安，男孩并没有碰他。婚前男孩说要等她到婚后，还让薇薇小小感动了一把，但是婚后仍然静如止水的生活，让薇薇感觉出了不对劲。原来男孩之前有一个爱到心腹的女孩，但是由于种种原因并没有走到一起，当那个女孩结婚嫁人之后，男孩也匆匆找个合适的人选结婚了，但他并没有太多的兴趣在薇薇身上。或者说，男孩的心态并没有调整好。

薇薇从此天天以泪洗面，后悔自己当初匆忙做了决定，如果与其他男生交往，至少还能培养出来感情，对于自己的婚姻，薇薇除了伤心，没有任何办法。而男孩对薇薇还是一如既往的客气，好像无论如何都打动不了他的心。

晓　说

女生，绝对不能轻易地走入婚姻，婚姻是人生的终身大事，万不能当儿戏对待。简单的条件匹配，并匹配不了女人那颗柔弱的心。如果感情基础薄弱，之后的事情只会让你伤心伤神。很流行的一个电视剧《当青春期遇上更年期》，剧中的邓家齐为了气父母，故意与自己不爱的贺飞儿结婚，结婚以后，痛苦的也是婚姻中的两个人。而贺飞儿也因没有做好考察，就匆忙出嫁，导致自己受到的待遇很低，在种种努力无果后，俩人还是离婚收场。虽然剧中的最后，邓家齐发现了贺飞儿的种种好，成功地追求了贺飞儿，但是其间的离合过程，都会让心饱受曲折。

故事中的薇薇，如果爱上了男孩，那她可以像贺飞儿一样，虽然男孩的心思不在自己身上，但是努力去争取男孩的心。若她实无感觉，或是在努力争取的情况下，仍然挽回不了男孩的心，那她大可走出这段坟墓般的婚姻，去寻找属于自己的那个 Mr. Right。草率地结了婚已经是错了，再也不要草率地去离婚。先试试看，真的不行再离也不迟。

幸福秘方

女人，不管多大多老，不管家人、朋友怎么催，都不要随便对待婚姻，婚姻不是打牌，重新洗牌要付出巨大代价。此外，恋爱的时间能长尽量长。这最少有两点好处：第一，充分、尽可能长地享受恋爱的愉悦，婚姻和恋爱的感觉是很不同的；第二，两人相处时间越长，越能检验彼此是否真心，越能看出两人性格是否合得来，这样婚后的感情就会牢固得多。如果一切都要等到婚后才去发现问题，恐怕除了伤害自己的心，还将出卖自己宝贵的青春。

走小三的路，让小三无路可走

不知从何时开始，小三变成了男人出轨对象的代名词。有别于二奶与情妇，小三通常不图名不带利，口口声声为了伟大的爱情。虽然这只是小三们的借口，因为不图名利的小三实在是少之又少，而她们口中伟大的爱情，若真是伟大，天下单身好男儿那么多，为什么不找，却又偏偏看上已婚男人。

其实，这个伟大的爱情背后，就是小三的懒惰和男人的空虚造就的。已婚的男人，事业有成，而感情也成熟稳重，懂得女人的心。多数的小三懒于自己奋斗事业，也懒得与男孩培养感情，直接遇上一个各方面都调教得颇为有成的男人，自然使出浑身解数不能放过。对于如此的男人，小三们是不择手段地想要据为己有，而她们唯一能够标榜的，也只有爱情这个借口罢了。而男人，在经历事业初期的艰苦奋斗，在经历与老婆的相识相恋结婚，在经历了初为人父的阶段，自以为看透了人生，又厌倦了现有的生活，不管是为了寻求刺激，还是为了找回当年的感觉，也跑去谈起了自以为是的爱情。

小三又有什么地方和原配不一样，使得男人对自己的老婆多看一眼都困难，却又甘心为小三做牛做马呢？

第一，小三通常比原配岁数小，使得二人风情不同。小三年轻，充满了朝气；而原配已是中年魅力女人，更多的为一种女人味。

第二，小三通常喜欢化妆，为了男人努力地打扮自己。而原配因为生活环境所致，大多已沉沦为素面朝天的妇女。就算有些女人上班还会化化妆，到了家，呈现给老公却是一张素颜疲惫的脸。

第三，小三仗着自己受宠，会颐指气使男人做这做那。而原配，大多心疼老公，自己更是大包大揽一切家务，只为了老公能多些轻松，而老公却因轻松跑去为他人受累。

第四，小三喜欢浪漫，可以为男人制造浪漫。而原配大多除了索要工资卡，照顾家庭，照顾孩子，已经开始疏忽老公的感受，很少给予老公浪漫。

第五，小三还属于仰望、敬佩男人的时期，让男人的大男子主义得到彻底的满足。而原配与老公经历了一切，他的一切在你眼里，都是那么自然，甚至有时会让你觉得幼稚，你早不再崇拜他，他在你身上也找寻不到那种满足感。

其实，小三与男人的爱情，并不比你和老公刚开始的恋情美好多少。经过时间的洗礼，经过家庭的磨练。女人，越来越多的精力放在了家庭，很多以前常为老公做的事情，也逐渐疏于打理。完美的婚姻，是在婚姻生活中的两个人，仍然能感受到恋爱的甜蜜，却又多了婚姻的责任。失去了甜蜜的婚姻，很容易让男人寻找新的刺激。作为女人，要保卫自己的爱情，守护自己的婚姻，确实需要很累地去做一些事情。哪怕平时再累，也要呈现给老公一个最美的自己。哪怕生活再节约，偶尔也要上餐馆进行浪漫一餐。家里的事情，不要再大包大揽，家是两个人的，孩子也是两个人的，要让老公学会分担家庭琐事，学会照顾孩子。若要一个男人太清闲，难免会闲出外心。就算两个人一起生活时间再长，也要像个小女孩般崇拜自己的老公，讨好他。

女人，千万不要以为感情是一锤定音的事情，如果你疏于培养自己的感情，那难免会被他人钻了空子。感情也不是你为对方做了多少事情，就可以牢牢在握的。感情更重要的是两颗心的互动，呵护他、揣度他、讨好他，让他的心紧紧地与你贴在一起。当你做了小三能做的，那么小三在他眼里并无任何吸引力；当你做了红颜知己能做的，那么他的红颜知己就非你莫属；当你又做了一个老婆应该所做的，那么你就是他的唯一，他无论如何也离不开你。

原配与小三最大的不同在于，老公在你眼里，也许已经蜕变成一棵普通的草，可是在小三眼里，你的老公就是一块稀世珍宝。在老公的心里，当你对他由宝变为草的时候，谁拿他当宝，他自然就容易出轨了。不管时空如何变幻，原配一定要当自己的老公就是那块独一无二的珍宝，想想当初自己为何与老公携手前进，要一如既往地爱他、鼓励他、支持他。

小三中，还有口号叫"没有不努力的小三"，面对这么有心计，这么强大的竞争力，原配们怎能输了气场？最了解老公的人是你，与老公一起经历所有的人也是你，明媒正娶的原配就是你。原配们，结婚以后也要继续努力，不能让他人钻了空子，咱们要努力走起小三走的路，让小三们怎么努力也无法成功！

女人不狠，地位不稳

婚姻中的两个人，感情不仅是维系于之前的恋爱阶段，更重要的是建立在双方的信任的基础上，女人应该信任你的男人，但是这个信任，仍应保留一个小小的度。女人过于信任男人，给男人过于宽泛的活动空间而不管不顾，很容易宠坏男人，更容易放走男人。若想一直保持恋爱婚姻中的地位，女人要狠一点，不仅要对男人狠一点，也要对自己狠一点。

◇ 对男人狠一点

人类自古以来的天性就是喜新厌旧的，男人的本性更是如此。大多数男人凭借自身的定力，很难经受得住诱惑的蛊惑，而作为女人的你，不带有一点点狠劲管理你的男人，你的男人很可能把持不住自己而去寻求刺激。世界上有的男人是看见漂亮的美女，就想大展拳脚地去追；有的男人明明已有女友、甚至已经结婚的人，仍对外宣称自己单身，以期望获得更多美眉的目光；还有的男人不停地换女人，仍然号称自己专情。

不少男人难以克服骨子里的花心，即使有了很好的对象，仍然一次次地猎鲜。一有机会，他们就要摩拳擦掌地展现自己、表现自己。如果自己的女人是一个贤妻良母从不过问的女人，那么大大给了此类男人机会。他们不管不顾地满足自己的好奇心，满足自己的兴致。

虽然说，温柔是一个女人最大的杀伤武器，可是仅有温柔，很容易纵容自己的男人，将男人在不知不觉中惯坏。女人对男人，该柔情的时候柔情，可是该狠的时候就应该要狠。偷腥的男人有时候很像偷吃糖果的小男孩，让他知道厉害，才会知道忌口。过于温柔贤惠，或是不知道什么时候该狠，很容易让男人搞定你。就算你知道了他做了不该做的事情，也许他觉得三言两语就能把你哄好。

大白和小严是模范夫妻。小严作为一个男人，也喜欢看看美女，每当有机会和美女说话，总是不由自主地多聊几句。小严的异性缘超好，但是就算如此，也没听说小严做过什么不得当的事情，主要还是由于小严的“妻管严”比较严重。大白是个个性泼辣的女子，虽然泼辣，但是偶尔的温柔，仍让小严享受不已。每当小严的花痴病犯了的时候，旁边总是立刻出现大白泼辣的声音。虽然小严自己面对美女的机会更多，但是聊着聊着，耳朵里不自觉就出现了大白的声音，而后草草收场。有个厉害老婆，就算心里有点小想法，也没有胆量去实践。

大白知道老公的嗜好，每次都是厉声喝止，想来老公就算有贼心也没有那个贼胆。因此，放心大胆地让老公自己活动，只是偶尔检查一下老公而已。二人从不为此事吵架，也从不为此事伤神。

晓　说

女人并不一定要像大白这样如此泼辣，只要让你的男人知道你的原则、你的底线，当你也有容忍不了的事情，也会发火的时候，就足够了。男人，不要对他百依百顺，不能放任。要让他惧怕你三分，而这三分，刚好就可以让他有足够的束缚力来约束自己。不仅男人对女人要有要求，女人也要对男人有所要求，如此，感情才能长久，保持恋爱、婚姻中的地位。

◇ 对自己狠一点

女人不仅要对男人狠一点，也要对自己狠一点。如何对自己狠一点？这里并不是指宋丹丹小品中所说的女人就要对自己下手狠一点。当然，女人确实应该对自己尽力装扮，让自己看起来国色天香。这里要说的，是女人要像男人学习，像男人一样去处事。

在职场中，女人不能示弱，要像男人一样努力拼搏，像男人一样勇于展现自己。女人通常十分低调、谦虚，却忘了适度地展现自己的优点。在工作中，表达自己，让自己拥有一份值得追求的事业，而不是一味依靠男人。

生活中，女人也要勇于展现自己，学习男人在追求爱情的那种锲而不舍的精神。男人通常在爱上某个人时，用力去追，主动找寻自己的爱情。而女人大多十分被动，在爱情中唯唯诺诺，很容易丢失一段爱情，归根结底，就是对自己不够狠。

当爱情结束时，学习男人的遗忘，不拖泥带水地进入下一段恋爱。如果总是惯着自己，让自己沉浸在一段失意的恋情中，迟迟不能迎接新的生活，那么幸福就永远无法找到你。要对自己狠一点，决绝一点，干脆一点，努力让自己过上全新的生活。

像男人学习，并不意味着将自己变成男人婆，只是女人有的时候要对自己狠一点，像男人一样去思考。如果总是前怕狼，后怕虎，怎么才能拥有快乐的恋情？怎么才能找到那个合适的他？无论事业还是生活，女人都要适当地对自己发狠，这样才能在恋情中占有主动地位。才能牢牢地稳固自己的地位。

小吵怡情

某婚姻杂志曾经写过这样一段话："两个人结婚实际上是和三种情况同时结婚：一种是和爱情结婚；一种是和对方的习惯结婚；还有一种是和对方的家庭结婚。"世界上没有两片完全一样的树叶，自然也不可能有完全相同脾性的两个人。牙齿和舌头还要打架，更何况是两个活生生的人。有矛盾了，怎么办？难免会吵架。怨气郁结在心里久了，只会雪上加霜，就像平静的海面不知道哪一天就会波涛汹涌。吵个小架就如同调个小情，嘻嘻哈哈，吵着闹着怒气就慢慢地消散了。

美国密歇根大学研究显示，夫妻闹矛盾时，压抑愤怒容易导致死亡率上升，而吵架却可能有益健康。研究小组花了 17 年时间，跟踪调查了192对夫妇。发现其中26对夫妇属于“抑怒型”，即夫妇双方在出现冲突时均压抑自己的情绪；另外166对夫妇中，至少其中一人会表达自己的愤怒，属于“非抑怒型”。

他们发现，17年来，抑怒型夫妇遭受丧偶之痛远远多于非抑怒型，而且，死亡的几率几乎是非抑怒型夫妇的5倍。夫妻共同生活时，他们的主要任务之一就是调解冲突，关键在于当冲突出现时，你怎么应对。要是你不理会它，压抑愤怒情绪，心里却总想着它，继而憎恨或者殴打你的配偶，那你就有麻烦了。

某次与同事聚餐中，惊闻前任同事王姐已离婚单过，不少人都惊掉了下巴，感觉不可思议。王姐与其老公可是单位的模范夫妻，二人从来不红脸，每到节日，老公总是浪漫地奉上鲜花，每次都把单位里的一群小姑娘羡慕得不行。有老公如此，夫复何求？没成想，往日人人艳羡的夫妻也劳燕分飞了，细问了一下原因，竟然是不少小事累积起来的。

王姐与老公都是有点内向的人，就算老公送上鲜花，浪漫的话却不会多说。虽然二人平日里从来不红脸，但是两个人一有问题，就堆积在心里，两个人都倔强的不愿沟通，时间长了，因为小事冷战的时间越来越长。老公唯一哄老婆的办法，就是偶尔表示下浪漫，送送花朵，可是美丽的鲜花不能弥补平日的感情，时间一长，两个人终于无法坚持而分开了。同事们都替他们可惜，其实两个人并没有原则的问题，小事没有好好解决就分开了，实在可惜。

晓　说

夫妻应当适当吵架，小吵怡情，吵架是奔向幸福的助跑器。虽然有的夫妻从未红过脸，就像王姐与他老公，但是不吵架的夫妻不一定稳定。如果连架都懒得吵，那只能说明两个人的沟通存在很大的问题。吵架也是一种交流，当思想与习惯不同时，都会互相争论，最后也会有退让的人。但是通过小吵，能了解对方的真实感受，也能将矛盾平稳地消化掉。一直冷战的人，要么某天来一次大爆发，将几个月甚至几年的不满都爆发出来，爆发到没有任何感情；又或者一直隐忍，不在沉默中爆发，就在沉默中死亡，感情也会早晚因为不交流、不沟通而消亡。

有些夫妻，平日生活中，经常拌拌嘴，虽然都不是什么大事，但是小小吵架也给了二人沟通的机会，两个人也在拌嘴中，增进了感情。经常吵吵小架的夫妻，感情通常很好，她们及时表达真实的自己，在不同的意见中，学会接受他人的习惯，久而久之，不仅平添了生活的乐趣，也会和对方更好地融为一体。

幸福秘方

吵架是内心情绪的一种释放和表达，当负面的情绪释放之后，心情自然会轻松许多，这时，两个人能更好地解决问题，处理矛盾。小吵怡情，大吵伤身。吵架也是一种艺术，有几种吵架的方式千万不能有，否则，不仅不能增进感情，反而会伤害两个人之间的感情。第一，在外人面前不要吵架。要给对方留情面，有外人的参与，事情只能越来越乱。第二，就事论事，切忌翻旧账。如果提起旧账，那么吵架就是一种个人打击，是非常伤害感情的一种做法。第三，吵完以后，要主动哄对方。有一对朋友，每次两人拌完嘴，说完想说的，都会看着对方相视大笑，好像都在为自己刚才的行为感到不可思议，然后两人就和好如初，不再追究。如果吵完一直冷战，那么事情永远没有结束的时候。第四，吵架不论输赢，只讲道理。两个人的事情，没有绝对的对与错，不论谁赢谁输，吵大架都是全盘皆输的。最后，吵架避免讲脏话以及绝情的话。说出的话就像泼出去的水，覆水难收。就算你说的只是气话，万一对方当真，只会平添二人的遗憾。夫妻二人拌拌嘴可以，千万不要将吵架升级，否则伤人、伤身、伤感情，幸福也会随着吵架而远去。

十条和谐家庭吵架公约

序号	和谐家庭吵架公约
1	要热吵不要冷战
2	要文斗不要武斗
3	就事论事不翻帐
4	严禁在公共场合、家人、孩子、朋友面前吵架
5	请使用文明语言
6	当天的气当天解
7	吵架时不提分手
8	双方要轮流道歉
9	男方要迁就女方
10	女方要体谅男方

PS：遵守此条约，吵吵更健康。

勇攀事业之珠穆朗玛篇

木兰花相传由天上的仙女带入人间，花语为勤劳、肯干、善良。

花之物语——勤勉的木兰花

木兰花又名天女花，叶片宽大而且呈现椭圆形状，木兰花的颜色多为白色且气味芳香，天女木兰单生于枝顶上面，花柄显得十分长，特别是在花盛开的时候会随风飘荡，气味则是芳香入鼻，当天女花随风而落的时候就好像是天女散花一样，所以又叫大女花。

顽强生长在悬崖峭壁缝隙之间的木兰花，开放在云雾里缥缈的生长着，当微风吹过的时候，花瓣纷扬，花枝招展，洁白秀丽的花朵，显得十分端庄而且秀丽，沁人心脾的芳香，久久不散，人见人爱，十分受人欢迎。

相传王母娘娘身边有一个吹笙的仙女，厌倦了天庭生活，喜欢凡间山水，一日来到祖山游玩，发现山好水好，唯独缺少奇花异草，于是把天庭瑶池的木兰花移摘祖山。一日，正逢王母开蟠桃盛会，急招笙女吹笙助兴，寻人无处，便派巨灵神寻找，找遍三山五岳，最后发现祖山云雾缭绕，拨开云雾发现笙女正在移植木兰花，于是押笙女回去复命。王母娘娘罚笙女去银河涣纱，纱不尽，水不平，不得返回瑶池，笙女宁为玉碎，不为瓦全，甘愿化做祖山的一块巨石。天女木兰由此得名。

天女木兰花代表了那一丝对喜欢事务的执著，吹笙仙女勤勤恳恳地做着力所能及的事，无论遇到什么险阻，都持之以恒地坚持着自己的追求。女人，应当做那一缕缥渺的木兰花，生在高处，努力追寻着自己的事业，勇攀事业的珠穆朗玛。

设定目标，努力出击

努力追求事业的女人不一定很漂亮，但却是流动的人群中一道靓丽的风景，走在哪里都有着极高的回头率。她们总有一种令人神往的高贵气质，社交时落落大方，侃侃而谈。她们总是化着淡淡的妆，带着淡淡的笑，身上透着淡淡的幽香，淡淡地透着她的温柔与妩媚。

追寻事业的女人做事往往很有目标。从入职的第一份工作起，她们就不断地给自己设定目标，制订计划，努力实现自己所设的宏图。有别于其他的女性，这类女性往往在职场奋斗几年，就可以升为经理等高层人物。追求事业的女人是美丽的，是有魅力的，她们往往有条不紊地完成自己的计划，在此过程中，努力奋斗着。她们勇敢地挑战自己，追寻着一个又一个看似可望而不可即的目标。当克服了种种困难之后，勤奋努力的她们，通常会达到胜利的彼岸。

若想追求事业的成功，设定目标与努力出击缺一不可。若没有目标，你将失去动力，找不到努力的方向，就算再努力，也是做无用功，还有可能适得其反。而设定了目标，却懈怠于做，那目标将永远不能实现。失去了事业的拼搏，女人将沦陷为家庭的奴隶。时代在进步，老公也在努力为事业打拼，开阔眼界，拓展人脉；而你，只是浑浑噩噩地在单位驻足不前，满足于轻松的工作环境，时间一长，你将与社会脱节，而老公和你之间无形的距离感也会越来越深。

小雨是一家单位的策划，工作内容相当轻松，只需在做活动时搞搞策划即可。但如此的工作量，小雨还是嫌多，一心想转去行政，羡慕行政处的大妈喝茶看报纸的悠哉日子。她以照顾家庭为名，申请调去行政处，在领导多次劝慰行政处不利于她职业发展却无果的情况下，批准了她的请求。

调往行政处的小雨，内心无限欢喜。朝九晚五的上班时间，大量富余的空余时间，不用头疼策划案的交稿时间，各种好处让小雨如鱼得水般滋润。时间一长，小雨的专业知识也忘得差不多了，每日操心的事变成了同事间的八卦。心底滋生出的惰性让小雨慵懒了许多，也世俗了许多。而同行业的老公，积极努力地为事业拼搏着，策划方案时常获奖。小雨只能远远地欣赏老公的业绩，却早没有了共同话题。

对于小雨的选择，老公充分尊重她，也理解她为家庭作出的贡献。但是随着二人的差距不断拉大。小雨逐渐不理解老公的辛苦，埋怨他陪自己的时间少之又少，经常没事找事。而老公觉得老婆既然工作不忙，多为家庭付出一些也未尝不可，但他却越发无法忍受老婆的没事找事。时间一长，小雨都开始恼恨自己当初的选择，如果当时不转部门，现在自己也能成为策划部的管理人员，与老公就相关提案也会有激情的碰撞。而现在，30 多岁的自己，已经提前过起了老年人的生活，不由得一阵悲哀。

晓　说

作为女人，切忌为家庭付出一切，而亲手埋葬自己的事业。女人无论干得成功与否，都要努力追寻自己的事业。有事业的女人才是璀璨的，让男人欣赏的，才能不时刻依附于男人。故事中的小雨因为过于清闲的工作，逐渐由事业型女人演变为八卦型的女人，与老公之间的差距越来越大，代沟也越来越多。过于清闲的女人，对于家庭和老公的要求就会比较高，有时会让男人疲于应付，时间一长，感情大多也会出现危机。

故事中的小雨，如果不想持续现在的状况，应当积极主动地申请调回原来的部门，一步步跟上以前的节奏，努力打拼自己的事业。生活中有些女性朋友贪图安逸去了很轻松的部门，时间一长，纷纷表达出悔意。因为她们已经如温水煮青蛙，动脑动手能力都退化了，就算有好的机会，她们也无法争取，用她们的话讲，已经在那个轻松部门待废了，自己没有掌握任何技能，如果某天单位有变，简直都不知道自己还能做什么。

幸福秘方

现代社会的女性，巾帼不让须眉，很多人都很努力地在社会中打拼。也许起步时期很辛苦，很劳累，比起在安逸部门的女性来说，努力打拼事业的女性付出的太多。但是十年之后，当女人经历而立之年，会发生什么？努力打拼事业的女性，经过十年的磨砺，大多已经掌握行业内的精华，游刃有余地当着管理人员。而那些安逸的女性，有的沦为家庭妇女，有的被解雇重新找工作，有的还在原单位混日子。这样的女性，并未拥有丰富的人生经历，从她们的身上，也看不到那种魅力四射的光芒。她们逐渐与社会脱节，与老公疏远，却浑然不觉是自身的问题。

因此，女人，就算再辛苦，也要尽量拥有自己的事业。一直追逐自己事业的女人，头脑是灵活的，见识是宽广的，心胸是宽厚的。无论你是刚毕业的女生，还是已经工作过的女性，如果你没有修炼一颗事业的心，那么，当下赶紧为自己设定目标，努力去实现吧！

寻找生活的平衡点

事业型的女人谈吐优雅，以巾帼不让须眉的气势在职场奋勇拼搏。同时，她们还要以自己柔弱的肩膀，挑起生活的重任。在事业与婚姻的选择中，不少女性感到压力颇大，如果一心扑在事业上，则多少忽略了家庭；若全心全意照顾家庭，事业就难有所起色。事业与生活的双重压力，时常让她们烦恼。

随着社会的发展与进步，当代女性受教育程度越来越高，职业的发展机会也越来越多，因此，越来越多的女性在毕业以后，努力为自己的事业拼搏着。拥有事业的女性，眼界开阔了，素质提升了，她们对婚姻对感情的要求，不再是以前举案齐眉、三从四德的标准，而是注重思想的共鸣与互相理解。在婚姻中，不再是从属关系，而是精神上的默契，行为上的平等关系。

优秀的现代女性通常希望根据自己的能力来协调事业与生活之间的关系，调节自己在不同时间、不同场合的角色与身份。虽然古人曾经说过：鱼与熊掌不可兼得。但是凡事没有绝对，靠自己的智慧，总能在事业与生活之间找到一个平衡点，既能很好地拼搏事业，又能很好地照顾家庭，让自己的生活充实而又温馨。

曾经有这样一个故事，一个信仰耶稣的人，去参加了一个福音班，牧师给了她6个钉子，让她做一个实验，将6个钉子平衡在一颗钉子上。那个人试了良久，都无法成功，横竖都找不到那个平衡点，最终放弃尝试。牧师见罢，笑着接过了钉子。只见他用2个钉子担重担，其余4个稳稳地平衡在这2个钉子构架的基础上，6个钉子就这么神奇地在一颗钉子上平衡了。牧师进一步说，找到这个平衡点，就是再加几根钉子也不会倒。其实，牧师要给大家做的功课就是“寻找生活的平衡点”。

晓　说

在人的生命里，常会有些钉子一样多而无序的担子，压得人人都喘不过气。就像钉子一样，捡了这根却丢了那根，总是不可能在有限的生命里找到平衡点把它们稳稳地担起。如果找不到那个平衡点，则要放弃很多需要兼顾的事情，也许是事业，也许是家庭，又或许是健康；但若费心地找到了那个平衡点，就像牧师手中的钉子，不仅是6个，哪怕再多也能做到均衡，可以全方位的照顾到。

小敏结婚快5年了，生儿育女的事已经提到议事日程上来。对于她来说，生孩子本身就是思前想后考虑了很久的事情，她实在不愿意失去广告策划的工作，况且她已在这个职位上如鱼得水，但小敏的丈夫盼子心切，她觉得不能太自私，最终决定要孩子了。

丈夫希望小敏能做几年全职太太，将全部心思放在孩子和家庭上，其他的事，尤其是挣钱的事则交给他解决。小敏知道希望自己多照顾家庭，不为太多的事分心，可是她也做不到对孩子以外的世界视而不见，尤其经过这几年的职场打拼，让她意识到事业对于女人的重要性。她不想有了孩子以后，就将自己的全部生活交给下一代，把经济独立权交给丈夫而架空自己。那样，她将很快失去自我。

为了有良好的条件备孕生产，她辞职了，离开每天都要去坐班的单位，在网上开了一间小店，成了一个在家上班的女人。这样，她只需要在家里工作，就既可以保证收入不会下降太多，又能比较安心地等待宝宝的降生。小敏说："现在世界变化这么快，如果几个月不跟外界联系，那我很快就会被社会所淘汰。"

晓　说

当女人职业上做到一定职位的时候，家庭、爱情、婚姻就不可避免地会对你的前进道路有一定影响。女人不比男人，男人为事业拼搏时，能够很好地处理其他的事情，他们不用因为结婚生子而耽误自己的事业。但是女人很不一样，即使你不要孩子，但如果你工作忙得没有时间跟老公聊聊天，没有时间跟老公好好沟通，那么两个人之间的感情很容易出现问题。解决这个问题的方法，就是看你如何寻找平衡点。

故事中的小敏为了权衡事业与家庭，放弃了原先的事业，但是也开始经营自己的新事业，不仅没有放弃事业，还努力和外界保持沟通。而在家办公，充分的时间可以用来照顾家庭，照顾即将出世的宝宝。事业与家庭的均衡点，被聪明的小敏找到了，她既不会失去自己的事业，也不会受到老公对她不顾家的指责。而她老公对于小敏所做出的努力，都将看在心里，只会越来越疼爱小敏。

幸福秘方

随着受教育程度的普遍提高，越来越多的女性成为职场新贵。很多女人在事业与感情的矛盾中，逐渐丧失耐心，有的仅选择了事业，而有的彻底回归家庭。无论如何，选择事业的女性失去了感情的滋润，变得越来越坚毅；而选择家庭的女性则演变为黄脸婆，除了柴米油盐的事情，其他事物一窍不通，再也融入不了社会。其实，女人只要多花些心思，兼顾事业与家庭并不困难，通过上面的案例，如何能找到平衡点，相信聪明的你很快就能解决。

成功跳槽的关键

在这个高速发展的时代，生活中充满了机遇与挑战，人们的工作观念也起了很大的变化。十年二十年以前的人们，还渴望找到一份工作，长久地做下去。一辈子在一个单位工作的人很多很多，但是随着社会的进步，越来越多的人无法满足于现工作单位的平台，从而决定跳槽。以前的人们跳槽，比如公务员下海，人们都以一种羡慕仰望的态度去评论，不仅佩服他们的眼光，更敬仰他们的胆识。但是现在的人跳槽，人们更多的关心是否跳槽成功的问题。

在一个单位工作久了，普遍觉得现工作单位平台不够广泛，无法发挥自己的最大价值。不满足于现状是人类的本能追求。俗语说："树挪死，人挪活"。人只有不停地改变职场环境，像高处攀登，才能将自己磨练的事业有成。改变工作环境的人，才能多见识，多经历，才能累积更多的工作经验，而不是永远做一颗螺丝钉，当你掌握全局的时候，才能学到更多的东西。

但是，跳槽给人们带来美好契机的同时，也带有若干风险。新单位的平台够不够好？新单位要经过多久的磨合，才能让老板及同事信服？新单位能否给予面试时候的薪资承诺？新单位能否继续累积工作经验并有所提高？种种问题都说明跳槽并不是一件简单的事情，机遇与风险并存。跳的成功，则能让事业更上一层楼，但若跳槽不成功，那么职业之路将被阻绊。因此，对于想实现自己价值的人来说，如何跳槽，跳槽能否成功是至关重要的一个问题。这里给各位介绍一个十分实用的SWOT分析方法用来权衡利弊。

SWOT分析方法是一种根据企业自身的既定内在条件进行分析，找出企业的优势、劣势及核心竞争力之所在的企业战略分析方法。这种优势劣势的方法用来分析自己的跳槽同样十分实适用。在SWOT分析中每一个字母都代表了不同的含义：S代表strength（优势），W代表weakness（弱势）；O代表opportunity（机会），T代表threat（威胁）。

◇ strength，优势

想要跳槽的人们最好先静下心来想一想自身的优势是什么，只有知道自身的优势，才知道自己的竞争力是什么，才能在职场的竞争中打败对手。每个人都是与众不同的，每个人也有自己擅长的一技之长。有的人擅长社交，有的人擅长处理数据，有的人擅长整理资料……那么有的人适合做销售，也许时间一长，能做成金牌销售员；而有的人细心，十分适合细致耐心的统计工作。

在同种类的工作中，也要知道自己的优势在哪里。同样是应聘销售员，选你不选其他人的理由是什么？这时，自身的优势就会体现出来。如果一个懂得观察，细心的人胜算就会加大，因为往往这样的人洞悉客户的需求，能更好地为客户服务。而数据处理工作的人如果沟通能力较强则也会有更多的机会，因为他们不仅能处理数据，更能很好地将数据解释给上级。无论如何，只有了解自身的优势，才能脱颖而出，成功拿到offer。

◇ weakness，劣势

劣势与优势同等重要，知道了自己的劣势在哪里，一方面可以扬长避短，一方面又可以在不足的地方努力进取。每个单位招人，都希望是个尽善尽美的人才，俗话说：多多益善。如果对方知道你有很大的劣势，那用人单位绝对不会考虑你，那么成功跳槽的机会就会比较渺茫。每个人在工作中都要尽量自察，清楚知道自己的所长及所短。当遇到自己不擅长的事情，就要努力练习。如若面试中，被问到自己不擅长的事情，也要注意回避。

◇ opportunity，机会

机会很重要，但是机会只给有准备的人。如果遇到大好机会，却没有抓住，那么不仅仅是可惜所能表达的，也许好的机会可以扬起一个人未来职业的风帆，没有抓住机会，也许就相差千里万里。每个人在工作中都要尽职尽责，并且努力地充实自己，让自己掌握更多的行业本领。当机会来临时，也许你的优秀，就可以把握住这个机会，不会眼睁睁地看着它溜走。

小董是个很积极的人，大学时他用与他人一样的时间，修了双学位，并在最初的工作中，努力完善自己，考取了会计和电脑方面的所有证件。当一家很大的证券公司给他机会时，他通过了将近一年的层层笔试面试，优秀的他最终成功进入了该证券公司。在证券公司中，他努力学习相关知识，并考取行业内含金量很高的证书，仅用两三年，就从一个年薪十万的小职员发展成年薪百万的高级金领。小董的成功是因为他的努力，获取到了来之不易的机会，而拥有了这次的机会，也成就了他的事业。

◇ threat，威胁

在跳槽过程中，也要注意跳槽是否对自己构成威胁。很多行业都是有内部竞争及垄断的，同行业跳槽，有的时候并不简单。也许老板和其他家老板是生意上的竞争对手，为了避免挖人的情况，同行业会签订相关协议。在跳槽过程中，要看看新东家和老东家的关系，避免自己成为牺牲品，有时候虽然成功易主，但是在这种局面下，新东家对人的不信任，或者不给予重任，同样是跳槽的一个重大败笔。

跳槽的时候，只有观察好了自身的优势劣势，以及外在的条件，才能成功跳槽。跳槽不是一件容易的事，而成功跳槽更不容易。有的人跳槽后，原先的奖金无法兑现，而有的人被承诺的职衔无法兑现，各种问题都会在新公司出现。因此，跳槽之前一定考察清楚，不能过于心急，真正的人才是单位真正想要的。做好了各种分析，才能做到胸有成竹，才能在事业上更进一步。

培养内心强大的气场

相信不少人在职场中都遇到过以下情况：有些同事表面上对人很好，但是背地里却给同事穿小鞋，遇到这种的情况，我们应当怎么做？是该发怒还是表面微笑背地咒骂？有的时候，自己努力工作，却总也加不了薪水？有的时候，明明自己是做得最好的那个，却升不了职，在知道是他人升职了以后，是否脸上立马呈现出一道道黑线？职场中，很多情况都是不愉悦的，如何控制自己的内心，如何处理这些状况，如何培养内心的气场，都是要努力学习的。

其实，职业气场和一个人的气场息息相关，而气场的强大，往往得益于一个人的内部能量。能量的多少主要是由一个人后天的努力积累而来。不管在何种情况，都要努力做到眼观六路耳听八方，手脚勤快用心积累。无论在职场还是生活中，都要学会善于倾听，善于观察，多做多实践，不计较，不懒惰，用心去积累一点一滴，早晚会拥有强大的气场。

小严是单位的项目经理，经常带下属出差参与项目。其中一个下属小夏是个看上去气场很强大的人，在与客户的接触中，客户通常对小夏格外热情，都以为小夏是上司。屡屡如此，非常让小严头疼。小严总是耿耿于怀此事，每次都恨不得马上掏出名片以明身份。可是越是心急，越是无法达到目的，在小夏自信容貌的对比下，小严确实只像个经理助理。

“您是严总吧？”客户经常一把握住小夏的手，热情地寒暄着，而经理小严则要经常面对如此尴尬的局面，很没有面子。他也百思不得其解，为什么自己常被认为是个不起眼的小角色，而下属小夏，似乎走到哪里都被关注，有时甚至抢了自己的风头。

晓　说

案例中的经理小严缺乏的其实是一种职业“气场”。这种“气场”是职业气质和个人气度的体现。它像一个具有吸收能量的庞大磁场，在职场中，“气场”十足的人往往容易吸引别人的关注，同事、合作伙伴都愿意与他交往，吸引的人越多，其“气场”也越来越强大。然而，不是所有人的“气场”都是与生俱来的，大部人都需要努力修炼。

故事中的经理小严就急需培养自己的气场，他最大的问题就是不够自信，缺少一份从容，因此总让下属占了先机。正因为缺少自信，他总是借助于名片来证明自己。其实，自信应该是从内心而发，既然已经到了经理级别，那小严的能力还是有的，他缺少的只是他对自己的正视。虽然已经身为经理，但他仍然不敢确信，总需要借助他物来证明自己，也正是由于这种心态，让他越来越不自信，总让他人抢了风头。

幸福秘方

一个人从职场新手到气场强大的老手，更多的是凭借在职场中的锤炼，需要一个人善于倾听、用心观察、手脚勤快肯干，还要审视夺度的表露各种姿态。对于优秀的老板、出类拔萃的同事，我们要从他们身上多学习，学习他们为人处世的方法。第一，口才好并不是第一重要的事情，有时候倾听反而能带给你更多的智慧，让你变得饱满而睿智。第二，时刻用眼睛去观察周边的环境、周边的人，观察到眼里的精华，就用心学习，时而久之，不仅增加了眼力见，还学会了洞悉事物的本领。第三，手脚麻利，任何公务都不拖延。职场女性最易被人诟病的缺点就是优柔寡断和小家子气。多做多干，能让自己变得大气大度，淡定从容。最后，纸张中的姿态也很重要，何时该微笑，何时该显怒，如何才能不怒而威，都要在平日职场的点滴生活中慢慢练就，用心去积累，假以时日，终可练就为一个内心气场强大的职业女性。

不要让工作情绪扰乱生活

女人既要照顾家庭，又要在外面打拼，压力是难免的，积累到一定程度就需要释放出来。但是不少女性都把不良情绪带到家庭之中，老公和孩子就成为女人发泄坏情绪的对象。在工作中，每个人都难免会遇到各种各样的问题和挫折，不经意中很容易把这种烦恼情绪带回家。家庭是个避风港，是个让人觉得温暖又温馨的地方，但是如果把工作中的情绪带回去，影响到宁静温馨的港湾则得不偿失了。

很多的职场前辈们，她们能把工作和生活都处理得很好，通常就是因为她们公私分明。即工作的时候不想着家里的事情，全心全意地投入工作。下班的时候，就把工作的事情收起来，不带任何工作的情绪回家。有时候上班族为了保持自己的职业形象，为了不得罪各种利害关系，在公司、在同事面前，经常把一肚子委屈压在心里。可是一回到家里，稍有不对的地方，就将自己心中的怒气怨气发泄出来，拿自己的家人出气。很多人错误地认为，在家人面前，情绪是不需要克制的。但经常向家人发泄愤怒情绪易种下恶果，会影响家人心境甚至心理健康，后果严重会影响家庭和谐。

王女士是一家私营公司的老板，是典型的事业型女性，用旁人的话说，她是个事业春风得意的女强人。但是谁都不知，王女士也有自己的烦恼。那就是不管她在外面人前多么的风光，都不能弥补她在婚姻家庭里的烦恼。

王女士和老公结婚15年有余，有个10岁的儿子。她们的家庭主要靠王女士打拼，为家庭建立良好的物质基础。她的老公只是一个朝九晚五的上班族，领着微薄的薪水，比起王女士的收入，少了很多很多。但是王女士的老公内心细腻，将更多的时间投入到家庭之中，认真打理家务，悉心照顾孩子。在王女士眼里，老公是一个十足的模范老公，自己没能为家庭付出的，老公全部替自己做到了，并且任劳任怨。

但是，时间一长，王女士发现自己的家庭并不需要自己，老公和孩子与自己的距离越来越远。因为创业的原因，工作的压力很大，王女士经常为工作的事情烦恼，也经常因为工作的不顺心向老公和孩子发脾气。每次发脾气，老公和孩子就默默忍受，或者避开她。逐渐地，王女士与家庭的关系越来越差，她发现老公和孩子在一起是快乐的，但是只要她在，老公和孩子就很不自然，很不放松，而她自己也因为这种局面而变得更加不耐心和暴躁。

晓　说

王女士经过几年商场的摸爬滚打，变得越来越强势且泼辣，里里外外都透着雷厉风行的劲头。因为一心扑在事业上，逐渐分不清工作与生活的区别，把在公司对下属的那种气势也一并带回家，对着老公孩子也如同对着下属一般的训斥。有时候事业不顺利，憋了一肚子的火回家，看见老公孩子，就不由自主地把火发泄在他们身上。时间久了，老公越发的不予理会，而孩子也越来越害怕妈妈，他们之间的感情也越来越淡。

故事中的王女士，因为自己混淆了自己的工作与生活，虽然事业有所小成，但是却丢失了婚姻与家庭。一个女人，无论事业多么成功，如果婚姻家庭不幸福，仍不算是一个幸福的女人。她最糟糕的做法就是分不清工作与生活，也分不清对待同事和老公孩子的态度。如果在生活中，也时时把自己当上级，对待家人像对待下属一样，早晚会导致亲情的疏离。

幸福秘方

家是既温暖又舒心的地方，人们在家里随意而放松，没有任何限制。也正因为如此，不少人会把自己内心的感觉完全无限制的表达出来，随意发脾气，偶尔为之，家人还可以谅解，但是次数若是多了，就会产生隔阂。家人并没有经历你在单位中所经历的，他们不知道你为何不满，为何发脾气。他们只会觉得自己用心地照顾你，却换来如此的回报，会伤心难过。

要想不把工作中的消极情绪带回家，有几点小贴士推荐给你。

晚十分钟回家，适当调节一下一天的情绪。这段时间，可以整理一下公文以及杂物，收拾包包，想一下其他的事情，尽可能地释放工作情绪。

不携带公文回家。工作的时候，努力提高效率，当天的事情当天做完，尽量不带工作内容回家。

多想积极的事情，为家人准备贴心小礼物。有时候工作繁忙，疏忽了家人的感受，尽可能地弥补一下温情，让家人感受到你的关爱。

学会给自己减压

现在社会的节奏越来越快，职场中的人们也感觉到压力越来越大。因为压力大，每天工作之后都倍感疲惫，逐渐疏忽了与亲朋好友之间的联系。而工作量的加大，加班成为家常便饭。小心翼翼地努力工作，有时候还要担心事业问题、人际关系问题，在残酷的竞争中，不得不让自己过度劳累。慢慢地，你积郁的阴影会产生不良反应：心悸、失眠、易怒、多疑、抑郁、拖延，你甚至对工作产生了厌倦的情绪。以上症状表明你已经被压力侵袭为亚健康体格。

据调查，我们每天面对的压力是20年前人们面对的压力的5倍，现在90%的人打破了正常的生活规律，因此我们中有许多人对健康多有抱怨。压力增加了我们得上糖尿病、高血压、肥胖，甚至是心脏病和骨质疏松的几率，而肩周炎和腰椎间盘突出等疾病更成为众多行业的职业病。拖着疲惫的身心，应付工作与生活，远离了快乐，生活都变得阴郁起来。

其实，适度的压力并无大碍，压力在一定范围内，也是动力，能促使人们成长。但是过度的压力则是危害，危及人们的身心健康。因此，人们要学着调节压力，将压力控制在有益的范围内，并将之转化为动力，努力奋斗，以更加积极的心态去完成工作。因此，重中之重，人们需要了解自己承压的范围，知道自己疲劳的限度，在这个限度之内，努力做好本职工作。

◇ 调节工作

工作通常因人而定，而知道如何调节工作的人，工作起来十分轻松。她们能够很合理地安排自己的工作，能将任务完成得又好又快。在工作中，也有一些秘笈来帮助你高速优质的完成所有工作内容。

明确工作目标与要求

在工作开始时，就应先思考所有工作环节，考虑每一个步骤的问题，将所有疑问先解决掉，明确了目标与要求，直击目标，避免过多的错误与重复，大幅度提高工作的速度与质量。如果不管不顾，只是一门心思做，不考虑目标与要求，返工的几率大大增加，不仅会延误进度，工作量也会大大增加。

将工作排出优先重要等级

如果不清楚工作任务的优先次序，一定问清楚老板。将重要的事情先做好，有条不紊地一项项进行，不重要的工作可以放缓一下进度。工作有急有缓，而不是样样急，大可减少不必要的压力与紧张情绪。

合理拒绝不合理的要求

工作中，也许有同事会找你帮忙，也许会有老板让你做非分内的事情。当自己手中有重要的事情要做，就要学会妥善地拒绝他人。可以和同事讲明自己现在的处境，合理的拒绝大家都会接受的；若是老板交代的事项，可以和老板问清哪个工作是急活，就先做哪个，没有必要把自己搞得紧张。

寻求帮助

当工作量大到难以承受或者不可能在期限之内完成时，一定及时寻求领导以及同事的帮助。让大家知道你现在的处境，帮你分担。有时候领导因为忙乱，工作任务分配并不合理，如果你不说，领导并不会知道，因此当有此情况发生时，一定及时和他人沟通。

◇ 调节心理

如果生活只有工作这项内容，压力就会时刻伴随你。因此职场中的人有必要分散注意力，寻找工作以外的乐趣。休闲一刻，是舒缓压力的最佳时期。白领却常抱怨压力大没时间，其实忙中偷闲并不难。适当时候，应当调节自己的心理，来给自己减压。

忙中偷闲

工作两个小时，可以停下来走一走，喝杯热茶，舒缓一下自己的情绪，放松一下神经，也许十分钟就足够。而这十分钟的放松，会让你接下来的工作精神百倍，并不是浪费时间。不仅身体放松，心里也放松，适当的放松即可排除压力。

给自己放个大假

在紧张的工作之后，请个适当的假期，来让自己休养生息。你可以在家看看碟，喝喝咖啡，也可以进行户外游，呼吸一下新鲜空气，将心里的疲惫驱散，让自己享受一下宁静的日光。

人生定位

有人心理压力过大，在于给自己设定了过高的目标。成功没有捷径，需要一步步的努力，设定过高的目标反而适得其反，还增加了心理负担，因此，人们需要设定一个合理的人生定位。卡耐基曾说："我非常相信，这就是获得心理平静的最大秘密之一。"

◇ 调节生理

在过度的工作压力中，人们总是忽略了自身的健康问题。很多职场中的人，因为加班就长年累月地吃快餐，而有的人因为工作需要，日日赴宴喝酒。时间一长，身体先被自己折腾垮了。再加上疏于运动，年纪轻轻的人们大多开始换上老年病。其实，工作再忙，也要注意自己的饮食，多吃清淡的食物，尽量减少酒席。钱不是几年就可以赚完的，而身体却短短几年就能毁掉。没有了健康的身体，事业也会变成浮云，想抓都抓不住。因此，职场中的人们，一要注意合理饮食，二要加强体育锻炼，提高自己的身体素质，让它能够承受有压力的生活。

重视理财，不做月光一族

都说女人天生会理财，但是现在越来越多的年轻女性加入了月光一族。不少女孩毕业以后，拿着尚可的工资，既不用照顾父母，也不用考虑家庭，于是大把的钱用来买衣服首饰以及化妆品，要不就是同学聚会吃喝玩乐，再加上信用卡的普及，大多数人月月入不敷出。现在的年轻女孩，10个女孩一半以上都没有存款，但是随着年纪慢慢变大，用钱的地方越来越多，而成立了家庭之后，更要精打细算，不会花钱，不会存钱，不会理财，很容易就将生活搞得一团糟。而不适当的花钱方法，对事业也会有一定程度的影响。

20～30岁是女人一生最好的年华，在充分享受生活的同时，最好也要学习一些理财小知识，这样才能过着有物质保障的生活，也不会因为以后步入婚姻的节俭生活而不适应。一个良好的理财习惯，不仅能让金钱用在最恰当的地方，也为自己带来强有力的生活保障。当然，理财的概念并不是一味的节俭，就好比著名作家巴尔扎克小说《欧也妮·葛朗台》中的葛朗台那样一毛不拔的守财奴。有时候，花钱也是赚钱的动力，因此要合理调节每月收入。最好将工资收入分成几份，一部分作为支出，一部分作为存款。

◇ 理性消费

理性消费是与生活息息相关的消费，它涉及你的衣食住行，不管哪方面，你必须要花钱才能继续生活。比如每月租房的费用或者月供，每月的交通费、伙食费、电话费、网费，等等，每月这部分费用所占比例基本一致。每月将理性消费所占用的固定支出从总收入中分离出来，来支付每月的必须消费。

◇ 投资消费

投资消费是投入金钱以获得高额回报的过程。现在市面上的理财产品越来越多，回报率均高于银行存款，各大银行推出的理财产品都可以进行投资，目前主要是保守类、稳健类、积极类三类产品。一般来说，保守类，主要是定期存款、储蓄保险，这一部分建议配置30%的比例；而稳健类，主要是债券信托类理财产品、债券基金等类型。这一部分因为风险不高（在自身风险承受范围之内），收益较保本类产品高，建议配置50%的比例；三是积极类，主要指股票基金纸黄金投资股票外汇投连险等。这一部分，风险相对较高，同时预期收益也会较高，作为新时代的女性，生活不能一成不变，也还是需要有一些新的变动的事物去经历，所以建议配置比例20%。

◇ 冲动消费

冲动消费即是非必要的消费，比如不必要的化妆品衣物等，必须要有节制，不必要的东西就不买。如果这部分消费控制不住，很容易变成月光族。好看的衣物、好用的化妆品比比皆是，如果不管不顾的一顿乱买，利用率很低，大多衣服最后压箱底，而化妆品也多半废弃，而花过的钱却再也找不回来。因此，一定要合理安排非必要的支出。

◇ 银行存款

银行存款是最安全的一种储蓄方式，每月将固定的存款都存入银行，办理存折，最好不要办卡，这样就可以杜绝随时取钱的可能。如果一个人毕业以后每个月给自己存300元定期，从来不取，那么到这个人50岁时，也将拥有20万元的存款，也是一笔不可小觑的数额。

◇ 取消信用卡

因为信用卡的普及，越来越多的人沦为了卡奴，变为月光族。信用卡消费没有任何花钱的感觉，买东西非常痛快，如果多拥有几张信用卡，那买东西更是花钱都不眨眼，每个月的工资都转给信用卡还款。最明智的选择就是销掉信用卡，最多只留一张低额信用卡，以备不时之需。

幸福秘方

如果月月成为月光族，真到急需用钱的时候怎么办？再着急也筹不来钱，为了杜绝这种情况的出现，必须养成良好的理财习惯。而到处消费，不仅花钱，还浪费了宝贵的时间。这些时间用来为自己的事业充电，则能为自己的事业带来生机，赚取更多的金钱。

虽然说花钱是赚钱的动力，但是也不能太漏财，钱也是一点一点积攒起来，也是一分一毫赚回来的，如果习惯于花钱如流水，那很难合理地运用自己的工资。毕业的女孩们，在保证生活品质的同时，收入的规划也应做好调整。在经过几年的职场历练和社会积累，步入婚姻之后，更应做好理财，让整个家庭既保持稳健理财又能盘活资金。

大智若愚，方能长久

女人可以用心观察一下自己所在的公司，公司里最优秀的员工往往不是最聪明的，也不一定是最能干的，但他们都有一个共同点：他们对公司的环境洞察最深、理解最深、把握最到位，从而能够以最合适的状态及心境应对一切的变化。很多时候，她们在同事眼里是愚钝的，反应也是迟慢的，但是经过多次考验，往往这些看似迟钝的人最终能获得上级的赏识，成功实现晋升加薪的梦想。

大智若愚的人，不露锋芒却胸有成竹；大智若愚的人，看似木讷、迂腐、迟钝的人去有着常人没有的淡定与豁达；大智若愚的人，在职场中宠辱不惊，遇事不慌，眼明心亮地看透一切事物，看透却不点透，知根又不亮底，她们就像公司的坚实堡垒，表面上并不光华琉璃，但是她们确实是公司中最不可缺少的中流砥柱。

传说，王翦为战国末期秦国的大将，一次在他奉命出征之时，他向秦王请求赐予良田房屋，秦王疑惑不已，问："将军放心出征，何必担心这些小事情呢？"王翦回复说："身为大王的将军，即使有功最终也不会被封侯，所以想趁大王赏赐我临时酒饭之余，我也斗胆向大王提出赐予田园的请求，以好作为我子孙后代的家业。"秦王听了哈哈大笑，遂答应了王翦的要求。王翦行至潼关，又派回使者回朝请求赐予良田，秦王爽快应允。王翦手下的心腹不停地劝告王翦，王翦便支开左右，坦诚相告："我王翦并非贪婪之人，但秦王生性多疑，现在他把全国的部队交给我一人指挥，心中必有不安，所以我才多多要求赏赐良田，名为子孙生计着想，实则是为了安秦王的心啊，这样他就不会多疑我图谋造反了。"

晓 说

俗语说，伴君如伴虎，稍有不测便是一命呜呼的下场。君王既能打下江山，也能守住江山，下属的那点心思是难逃一国之主的法眼，因此，何不大智若愚，让君王看到自己愚昧无知的一面，却看不到自己内在的智慧，不仅能保身家性命，还能让自己所有的意愿都能满酬。故事中的王翦就凭借自己的大智若愚，保住了自己的性命和身家。

有这样一位领导，他被一家公司聘用担任为销售经理。但他对公司的业务根本就是一窍不通。当推销人员到他那里去汇报工作并征求建议时，他都会问对方："你认为应该怎么做呢？"当对方说出自己的想法和解决方案时，他总会说："这是一个好主意！"几乎所有的推销人员都认为他是一个优秀的销售经理。

晓　说

没有人愿意在别人面前表现出自己的糊涂，尤其是在下属面前。但在聪明人面前要聪明无疑是自己找难看。不管什么时候，表现自己真实的一面是非常重要的。案例中的领导，凭借自己聪明的内心以及迟钝的外表，赢得了下属的信任。

有一个企业的老总非常聪明，业绩也很突出。他常常在公开的场合毫不掩饰地夸耀自己，毫不留情地贬低他人，甚至羞辱他人。他有一句口头禅是："不会做，就照我说的做！"他从来不考虑他人的感受，时时刻刻以自己的命令为准。下属心里都对他不服气，并没有人认真给他干活。

晓　说

在这位老总眼里，下属都是笨蛋；而在众人眼里，这位老总就是一个十恶不赦的浑蛋。如果这位老总辞职，相信下属都会举杯相庆。由此可见，在他人面前夸耀自己的聪明是一件令人厌恶的事情。

幸福秘方

郑板桥曾经说过：聪明难，糊涂难，由聪明变糊涂更难，难得糊涂。为什么说糊涂难？是因为我们心有所求，这个世界有我们太多放不下的东西。由于生活节奏的加快，现代人过于敏感往往就容易受到伤害，而大智若愚虽给人以迟钝、木讷的负面印象，却能让人在任何时候都不会烦恼，不会气馁，这种表面的愚钝恰似一种不让自己受伤的力量。在各自世界里取得成功的人士，往往内心深处隐藏着一种绝妙的钝感力。

打造完美 Office Lady

每个女人都不想成为工作狂，可是现实总是事与愿违。面对着无数的会议、没完没了的报表、客户谈判等公务，工作的压力有时让人难以抽身。再精致的女人，被轮番的工作袭击之后，也难以保持光鲜。不管工作如何忙碌，但也一定要记得让自己时刻保持完美形象，做一个完美的 Office Lady。

新入职场的女性，多少都会羡慕公司里白领女性的气质。那些同事各个 OL 气质十足，工作也充满了激情，而新人们无论在穿着方面或者职业能力与之都有一定差距。就像电影《杜拉拉升职记》中演的，杜拉拉出入职场，看到的是公司中非常有职业气质的黛西与玫瑰，而自己却相距甚远。但是在几经努力之下，杜拉拉也演变成为完美的白领丽人。

◇ 修炼职业技能

干一行，爱一行，出入社会的女孩，正在经历职业发展前期，这个时期，应该尽量积累行业的专精知识。通过了解自己和公司环境，明确自己的职业目标，提高自己的各项素质，并进行有针对性的充电，以掌握专业技能和知识。养成良好的工作态度和习惯，认识对自己有提高的人。让自己在职业早期有个扎实的基础，形成自己的核心能力，让自己具备强有力的竞争力。

◇ 外形修炼

完美的白领丽人，除了本应该具备的职业技能之外，还要注重外形的保养，穿上职业套装，英姿飒爽，一身干练的形象让人过目不忘。

外形具备了良好的形象，不仅让人眼前一亮，还让人对自己充满了信任，做起事情事半功倍。女人的精致，是细枝末节处的改变，为了让自己精神面貌达到最佳，一定要注意自己的仪表容貌得体。

◇ 行为修炼

要做完美的白领丽人，时刻要注意自己的一言一行。职场不比生活场合，任何事情都可以随意随心情，身在职场，自己的言行十分重要，是一个成熟稳重的职员还是一个幼稚无知的职员，一切皆源于一个人的行为。在职场中，要善于倾听，注意观察，更要谨言慎行。而要想衬托自己的白领气质，女人最好胳膊经常夹着文件，坐着要坐姿端正，走路要摇曳生风。就像《杜拉拉升职记》中莫文蔚所演的玫瑰，一出场就带有浓厚的白领气质，强势的气质让人无法质疑她的工作能力以及工作地位。

幸福秘方

完美 Office Lady 的十个秘笈

给肌肤补水

白领在公司里经常面对电脑，而长期面对电脑会对女性的皮肤十分不利，不仅会造成皮肤干燥，还会吸收一定的辐射。因此，经常坐办公室的女人，一定要时常补水，能保护过于干燥的皮肤。

每天八杯水

在空调环境的办公室中，身体很容易缺水，而缺水会导致女人肌肤变差，也会导致内分泌失衡。因此，每天八杯水对女人十分重要，被水滋养的女人，才会看起来形象靓丽。

清洗办公环境

办公室是藏污纳垢的地方，而自己的办公区域经常是保洁忽略的地方，因此，自己更加要注意自己区域的卫生。勤擦拭电脑、桌面等。书桌的整齐利落，会让人耳目一新，更有动力的工作。

职业套装

职业套装很有必要，黑边眼镜、黑丝、短裙、白色蕾丝小背心、素色职业装、盘起的秀发、一定要有“绝对领域”！

自备零食

在紧张的工作环境中，也许很快就感觉到饥饿，而时常的饥饿对身体有很大伤害，准备点小零食，在疲劳饥饿的时候，可以给自己来一个舒适的下午茶。

办公室体操

忙于工作，很容易换上职业病，腰酸背痛是最常见的职业病。现在有很多很简单的办公室体操，可以在每两个小时就舒展一下筋骨，以防止过于疲劳。

准备日程本

任何工作都给它安排日程表，进行合理的规划，平常可以将所有的事情记录在日程本上，这样不仅可以游刃有余地处理工作，还有利于培养人的条理性。

多学习办公软件

可以在网上多找些办公软件操作的教程，限于时间可以经常看看。看了之后你会发现，你所掌握的技能非常有限，一定要趁闲余时间多学习。

注意隐私

公共场合，一定要注意保护个人隐私。在离开电脑的时候，一定要设置个人密码，以防别有心机的人偷窥。

香水

女人要对自己好一些，香水是让女人变得优雅的武器。喷了香水之后，它的味道就会在你的一举一动间弥散开来，淡淡得飘扬在空气之中，不但心情会变好，也能让自己的精致度透露无遗，让气场 UP 起来，让美丽时刻围绕左右。

 白领丽人必读的七本书

序号	书名	推荐理由
1	《杜拉拉升职记》	一个女人的职场成长
2	《一个女人的成长》	更好地做自己
3	《求医不如求己》	更好地照顾自己
4	《20 几岁，决定女人的一生》	你走向成熟的领路人
5	《我最想要的化妆书》	最贴心的美容教主
6	《活在当下》	深刻紧扣现实生活
7	《不抱怨的世界》	抱怨不如改变

天气：

感动的事：

今天最满意的是：

可以做得更好的地方：

新的一天，我希望……

蜕变物语

天气：

Tuesday
星期二

感动的事：

今天最满意的是：

可以做得更好的地方：

新的一天，我希望……

蜕变物语

…………………………………………

…………………………………………

…………………………………………

…………………………………………

…………………………………………

天气：

Wednesday

星期三

心情：

感动的事：

今天最满意的是：

可以做得更好的地方：

新的一天，我希望……

蜕变物语

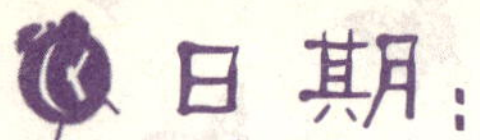

天气：

心情：

感动的事：

今天最满意的是：

可以做得更好的地方：

新的一天，我希望……

蜕变物语

心情：

感动的事：

今天最满意的是：

可以做得更好的地方：

新的一天，我希望……

蜕变物语

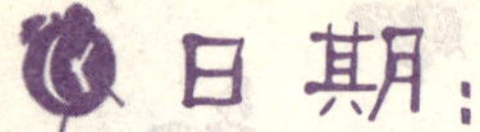

日期：

天气：

心情：

Saturday
星期六

感动的事：

今天最满意的是：

可以做得更好的地方：

新的一天，我希望……

蜕变物语

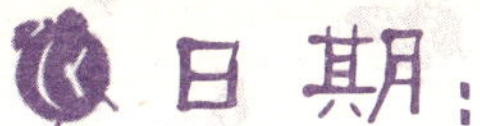

天气:

心情:

感动的事:

今天最满意的是:

可以做得更好的地方:

新的一天，我希望……

蜕变物语

……………………………………

……………………………………

……………………………………

……………………………………

……………………………………